Saurabh Singh
R. S. Singh

Estudo sobre a Helicoverpa armigera na cultura do grão-de-bico

Saurabh Singh
R. S. Singh

Estudo sobre a Helicoverpa armigera na cultura do grão-de-bico

ScienciaScripts

Imprint

Cover image: www.ingimage.com

This book is a translation from the original published under ISBN 978-3-659-86754-5.

Publisher:
Sciencia Scripts
is a trademark of
Dodo Books Indian Ocean Ltd. and OmniScriptum S.R.L publishing group

120 High Road, East Finchley, London, N2 9ED, United Kingdom
Str. Armeneasca 28/1, office 1, Chisinau MD-2012, Republic of Moldova, Europe
Managing Directors: Ieva Konstantinova, Victoria Ursu
info@omniscriptum.com

Printed at: see last page
ISBN: 978-620-8-57912-8

ÍNDICE

CAPÍTULO I INTRODUÇÃO

As leguminosas são culturas alimentares importantes, que constituem uma fonte cara de proteínas na dieta vegetariana da Índia. A Índia é um dos maiores produtores de leguminosas para grão e cultiva provavelmente um maior número de variedades de leguminosas do que qualquer outro país. De acordo com o Conselho Indiano de Investigação Médica (ICMR), a necessidade diária ideal per capita de leguminosas para manter uma saúde normal é de 104 g (Anónimo, 2010). No entanto, nem sequer metade desta quantidade está disponível para a população da Índia.

O grão-de-bico (*Cicer arietinum* L.) é a principal cultura de leguminosas da Índia, cultivada em todo o país, principalmente nos estados de Madhya Pradesh, Rajasthan, Uttar Pradesh, Maharashtra, Karnataka e Haryana, na estação Rabi. Trata-se de uma cultura de sequeiro resistente e com raízes profundas, capaz de resistir a condições ambientais desfavoráveis que se revelariam fatais para a maioria das outras culturas. O grão-de-bico é uma boa fonte de aminoácidos essenciais, como o triptofano, a metionina e o cisteína, e é a principal fonte de proteínas de alta qualidade para a população indiana, maioritariamente vegetariana, e para as pessoas que vivem abaixo do limiar de pobreza. O seu grão é uma boa fonte de proteínas (18-22%), hidratos de carbono (52-70%), gordura (4-10%), minerais (cálcio, fósforo, ferro) e vitaminas. A cultura é amplamente cultivada na Índia, Turquia, Paquistão, Irão, Austrália, México, Espanha e Bangladesh. (Ali e Mishra 2004).

A Índia é o maior produtor de grão-de-bico, ocupando 6,67 milhões de hectares, com uma produção de 5,3 milhões de toneladas, o que representa 30 e 38% da área cultivada e da produção nacional de leguminosas, respetivamente (Anónimo, 2011). O Madhya Pradesh, o Uttar Pradesh, o Rajastão, o Maharashtra, o Karnataka e o Andhra Pradesh contribuem em conjunto com 91% da produção e 90% da área do país. O ano de 2009-10 registou um aumento significativo da área cultivada com grão-de-bico (8,74 milhões de hectares), a mais elevada dos últimos 10 anos. Do mesmo modo, a produção de grão-de-bico (7,35 milhões de toneladas) também ultrapassou o recorde dos últimos 50 anos, com uma produtividade de 8,40 q/ha. A área cultivada com grão-de-bico aumentou de 6,45 milhões de hectares para 8,74 milhões de hectares em 2009-10.

Os constrangimentos ao aumento da produção de grão-de-bico incluem a falta de conhecimentos entre os agricultores, que não podem aplicar regularmente fertilizantes e pesticidas. O rendimento do grão-de-bico é instável devido à sua suscetibilidade a várias pressões bióticas e a-bióticas, incluindo insectos, doenças e seca. A monitorização exacta, a previsão e os factores dependentes da densidade da população de insectos são a pedra angular de uma tática economicamente viável, ambientalmente segura e socialmente aceitável para os agricultores; são essenciais para a tomada de decisões pelos especialistas em proteção das plantas. Assim, foram realizados estudos sobre a dinâmica da população de *H. armigera* na cultura do grão-de-bico, a fim de determinar a sua infestação em diferentes estádios fenológicos. Para o efeito, a gestão da operação foi efectuada de acordo com a adoção de módulos de previsão factores meteorológicos como a temperatura, a humidade relativa, a velocidade do vento e a taxa de evaporação foram calendarizados para se correlacionarem com as flutuações da população, a fim de determinar os prováveis factores abióticos da sua multiplicação. Apesar da importância da broca da vagem, até agora não foram feitos esforços concertados para estudar o seu limiar económico e o nível de prejuízo económico, que são componentes imperativos e indispensáveis para a exploração de uma gestão eficaz da praga. Também se procurou determinar estes parâmetros, juntamente com considerações sobre técnicas de proteção para evitar os efeitos secundários adversos dos insecticidas, através da incorporação de métodos mais seguros, como a combinação de agentes microbiológicos com insecticidas na zona da planície central do Uttar Pradesh contra esta praga notória do grão-de-bico

Os vários factores responsáveis pela baixa produção e produtividade do grão-de-bico são a base genética deficiente, as ervas daninhas, as doenças e as pragas de insectos. As principais pragas de insectos do grão-de-bico são a lagarta (*Agrotis ipsilon* Hufnagel), a broca da vagem da grama (*Helicoverpa armigera* Hubner), o semilouco da grama (*Autographa nigrisigna* Walker), o pulgão (*Aphis craccivora* Koch) e o percevejo da vagem (*Clavigralla gibbosa* Spinola) (Sithananthamet *al.*, 1983). Entre estes, *H. armigera* é o mais importante e a principal causa que limita a sua produtividade no país.

A broca da vagem da grama é o mais nocivo de todos os insectos pragas. É um inseto polífago pertencente à família Noctuidae e à ordem Lepidoptera. É também conhecida como lagarta-do-algodão americana, lagarta-da-espiga do milho, broca-do-tomateiro e falsa lagarta-do-botão. Ataca mais de 180 espécies cultivadas de cereais, leguminosas, legumes, frutos, forragens e espécies selvagens.

O inseto é de natureza cosmopolita, multivoltina e polífaga e tornou-se uma praga de importância nacional, causando perdas económicas ao grão-de-bico. As larvas jovens alimentam-se da parte tenra das folhas e dos rebentos, fazendo arranhões. As larvas de segundo instar e as larvas adultas subsequentes consomem as folhas, os botões florais, as flores e as vagens. Em caso de infestação grave, toda a cultura pode ficar desfolhada. As larvas fazem buracos nas vagens em desenvolvimento e entram no seu interior para se alimentarem dos grãos. Uma única larva é capaz de destruir 30-40 vagens no seu período larvar. Na Índia, a extensão das perdas devidas à *H. armigera,* no grão-de-bico, é de até 27,9% na zona noroeste da planície, 13,2% na zona nordeste da planície, 24,3% na zona central e 36,4% na zona sul (Lateef e Reed, 1983).

A broca da vagem, *Helicoverpa armigera* (Hubner) (Lepidoptera: Noctuidae) é a espécie de inseto mais proeminente que causa grandes prejuízos económicos a esta cultura. É uma praga altamente polífaga que ataca mais de 182 espécies de plantas, incluindo culturas de grande dimensão e importância económica como o algodão, o milho, o tabaco, o feijão-frade, o grão-de-bico e o tomate, etc. (Gowda, 2005). A perda de rendimento do grão-de-bico devido à broca das vagens foi registada como sendo de 10-60% em condições meteorológicas normais, enquanto era de 50-100% em condições meteorológicas favoráveis, em especial nos Estados onde se registam chuvas frequentes e tempo nublado durante a época de cultivo. A perda de rendimento do grão-de-bico devido à broca da vagem foi registada como sendo de 30- 80% em condições meteorológicas normais. Uma única lagarta de *Helicoverpa armigera* pode destruir 30-40 vagens antes da maturidade (Ram e Agrawal, 2007).

O problema desta praga é ainda maior devido ao seu ataque direto às estruturas de frutificação, ao seu hábito alimentar voraz, à sua elevada mobilidade e fecundidade, à sua natureza multivoltina, à sobreposição de gerações, ao seu comportamento noturno, à seleção do hospedeiro por aprendizagem e à sua propensão para adquirir resistência aos pesticidas. Nas pragas mais recentes, o problema da resistência química agravou-se, resultando em perdas de culturas estimadas em 158 milhões de dólares americanos na Índia em 1996-97 (Russell, 1999) e causando dificuldades generalizadas, especialmente entre os agricultores mais pobres.

Estima-se que só *a H. armigera* é responsável por perdas superiores a 35 000 milhões de rupias por ano na Índia, apesar da utilização de pesticidas pesados (Kumar e Kapur, 2003). Só *a H. armigera* é responsável pelo consumo de metade do total de pesticidas utilizados na Índia para a proteção de diferentes culturas (Suryavanshi *et al.*, 2008).

Vários relatórios mostram que *a H. armigera* desenvolveu resistência a todas as principais classes de insecticidas e que se tornou cada vez mais difícil controlar a sua população na Índia, devido a um efeito combinado de diminuição da sensibilidade à acetilcolinesterase, níveis mais elevados de esterases, fosfatases e expressão da glicoproteína-P nas larvas resistentes (Suryavanshi *et al.*, 2008).

O controlo biológico é uma das principais componentes da gestão integrada das pragas. Na natureza, muitos organismos sobrevivem alimentando-se de outros insectos. Os predadores, parasitas e microrganismos causadores de doenças das pragas disponíveis em abundância, mantêm o equilíbrio natural e reduzem a incidência de pragas. A utilização destes organismos vivos que ocorrem naturalmente para controlar a população de pragas é um dos métodos mais seguros de gestão de pragas. Entre os inimigos naturais das pragas, destacam-se os parasitóides de ovos, como *Tetrastichus schoenobii, Telenomus rowani, Anagrus optabilis,* espécies de *Trichogramma*, etc.; parasitóides de larvas, como *Itoplectis narange, Trichogramma enaphalocrosis, Temelucha phillippinensis,* espécies *de Cotesia,* espécies de *Brachymeria*, etc.; e predadores de insectos, como *Itoplectis narange,*

Trichogramma enaphalocrosis, Temelucha phillippinensis, espécies de Cotesia, espécies de *Brachymeria*, etc. e os predadores de insectos, como os escaravelhos, os escaravelhos terrestres, os grilos predadores, os funis predadores, as moscas donzelas, as aranhas, etc., são os mais frequentemente disponíveis. Outros bio-agentes, como *Cryptolemu schrysopa*, NPV, *Bacillus popilliae*, etc., também estão a ser utilizados com sucesso para o controlo de várias pragas. Os pesticidas botânicos suscitaram alguma esperança de uma melhor gestão das pragas a nível mundial, de uma forma ecológica. Algumas plantas superiores, como o Neem, a Pongamia (Karanji), *a Callisteman* (escova de garrafa), o Eucalipto, etc., armazenam metabolitos secundários extraíveis em quantidades suficientes para serem economicamente viáveis como matérias-primas para pesticidas botânicos. A aplicação maciça de pesticidas não só deixa resíduos nocivos na cadeia alimentar, como também causa efeitos nocivos nos organismos não visados, no ambiente, no ressurgimento de pragas e no desenvolvimento de resistência aos insecticidas nos insectos (Reena *et al.*, 2009).

Para ultrapassar estes problemas e limitar a utilização indiscriminada de insecticidas, são muito úteis estratégias de gestão integrada de pragas (IPM). A GIP implica a utilização de muitas técnicas, incluindo o controlo biológico, para controlar eficazmente os parasitas das culturas com um mínimo de efeitos secundários nocivos. As técnicas que são compatíveis com a utilização do controlo biológico ou que têm pouco impacto nos inimigos naturais são os pesticidas biorracionais. O conhecimento da dinâmica populacional no contexto do ambiente associado é essencial para o êxito das estratégias de GIP.

Foram desenvolvidos módulos de Gestão Integrada de Pragas (IPM) (Suganthy e Kumar, 2000) para gerir o complexo de pragas do grão-de-bico, mas os insecticidas continuam a ser amplamente utilizados para gerir esta praga. Tendo em conta a natureza perigosa dos pesticidas, é imperativo encontrar estratégias alternativas para a gestão da *Helicoverpa armigera*. Para uma gestão estratégica da praga, é essencial restringir a utilização de piretróides; promover a utilização de misturas sinérgicas de insecticidas e a sua aplicação judiciosa para quebrar a resistência da *Helicoverpa armigera*; escolher diferentes tipos de insecticidas e aplicá-los em rotação; escolher o momento ótimo de aplicação dos insecticidas, coincidindo com a eclosão máxima dos ovos e coordenar a abordagem de controlo químico da gestão da praga com outras práticas de gestão, como os produtos botânicos, as formulações bacterianas e os reguladores de crescimento dos insectos. A dependência excessiva de insecticidas sintéticos para combater o complexo de pragas do grão-de-bico criou mais problemas associados aos pesticidas, tornando necessário o desenvolvimento de tecnologias alternativas de proteção das plantas baseadas em pesticidas amigos do ambiente, como os biopesticidas, incluindo *Bacillus thuringiensis* subespécie *kurstaki* (*B.t.k*), vírus da poliedrose nuclear e extractos de plantas. Por conseguinte, foram realizados estudos sobre a abundância sazonal, a biologia, os inimigos naturais e a avaliação de módulos de IPM contra *Helicoverpa armigera* (Hubner) no grão-de-bico, com os seguintes objectivos

1. Estudar a abundância sazonal de *H.armigera* no grão-de-bico
2. Determinar a correlação entre a população de larvas e o fator ambiental
3. Estudar a biologia da *H.armigera* em condições laboratoriais
4. Estudar os inimigos naturais que afectam a população de *H.armigera*
5. Desenvolver módulos IPM eficazes contra *H.armigera* na cultura do grão-de-bico.

CAPÍTULO-II REVISÃO DA LITERATURA

A literatura existente sobre vários aspectos "Estudos sobre a abundância sazonal, biologia, inimigos naturais e avaliação de módulos de gestão integrada contra *Helicoverpa armigera* (Hubner) na cultura do grão-de-bico" é apresentada por ordem cronológica para reforçar as presentes investigações.

I. Dinâmica populacional de *Helicoverpa armigera* (Hub.):

Kaushik e Naresh (1984) observaram a densidade populacional média de larvas de *H. armigera* em parcelas de campo ao longo do período de crescimento da cultura, sendo a densidade <0,81 larva/m^2 na fase de vagem (com grãos desenvolvidos).

Yadav e Lal (1988) verificaram que a população larvar de *H. armigera* ocorria no grão-de-bico durante quase toda a sua fase de crescimento, sendo baixa na fase vegetativa e de floração e alta na fase de desenvolvimento do grão. Registaram-se dois picos de larvas, o primeiro entre 47-50 semanas-padrão e o segundo entre 11-15 semanas-padrão. Verificou-se que o coeficiente de correlação era positivamente significativo no caso das temperaturas máxima e mínima, mas não era negativamente significativo no caso da humidade relativa.

Prasad *et al.* (1989) estudaram a dinâmica populacional de *H. armigera* em grão-de-bico semeado em várias datas em Kanke Ranchi e relataram que a população de larvas era bastante baixa durante o mês de dezembro, quando a temperatura mínima diária era, em média, de 7,5°C.

Pimbert e Srivastava (1991) analisaram as contagens de larvas, os dados das armadilhas luminosas e os padrões climáticos durante um período de seis anos e concluíram que os défices prolongados de precipitação promovem o crescimento da população de *H. armigera* em A.P., na Índia. O stress da seca resultante da escassez de precipitação aumenta as pistas químicas envolvidas no comportamento de seleção do hospedeiro larvar e melhora a qualidade nutricional de muitas plantas hospedeiras silvestres e cultivadas nas quais esta praga polífaga se reproduz. Uma análise mais holística das causas dos surtos *de H. armigera* deve também incluir os efeitos do ciclo do homem nas terras secas da Índia. As medidas de conservação da água podem ter de ser integradas num plano global de controlo de insectos a nível de toda a área.

Anwar *et al.* (1992) registaram que, no Paquistão, a população de larvas permaneceu baixa durante dezembro e janeiro e aumentou durante fevereiro-março. A fase de floração e formação de vagens da cultura e a temperatura relativamente elevada favoreceram o aumento da população de larvas.

Singh e Singh (1992) observaram uma infestação grave de *H. armigera* no cártamo em Sehore e verificaram que a população média de larvas era de 2,34/planta, tendo atingido 5,24 larvas/planta em março.

Verma *et al.* (1994) revelaram que o grão-de-bico era o hospedeiro preferido, causando 72,65% de infestação, e que nos factores ambientais a temperatura desempenhava um papel importante na regulação da atividade dos adultos. A sobreposição de gerações da praga foi observada em meados de março.

Dubey *et al.* (1995) estudaram a dinâmica populacional da broca da vagem da grama e encontraram um pico de atividade em fevereiro e março. Os factores ambientais (temperaturas, humidade relativa e precipitação) tiveram um impacto no desenvolvimento da população da praga.

Patnaik *et al.* (1995) estudaram que a população de larvas de *H. armigera* variava muito no mesmo campo em ambos os anos e entre os campos no mesmo ano, variando o comportamento do ovipositor das fêmeas, a localização específica no campo e a adequação da fase da cultura, para garantir uma elevada sobrevivência do início da primavera.

Lal (1996) referiu que a broca da vagem da grama *H. armigera* aparece em grande número durante o crescimento vegetativo ativo até à fase de formação da vagem no final de dezembro-janeiro nos campos de grão-de-bico, aumentando lentamente e, no final de fevereiro e início de março, transformou-se num surto grave. A praga danificava as folhas, os rebentos tenros, as pontas apicais, os botões florais e as vagens. A população da praga diminuiu rapidamente no final de março com o aumento da temperatura. Vários factores climáticos, como a temperatura, a precipitação, a humidade relativa, a insolação e a velocidade do vento, podem ser atribuídos ao aumento da população e ao surto de *H. armigera.*

Patnaik e Senapati (1996) estudaram a dinâmica populacional de *H. armigera* no grão-de-bico e referiram que a atividade larvar atingiu o seu pico entre a 50ª e a 2ª semanas padrão (2ª semana de dezembro e 2ª semana de janeiro). Verificou-se uma correlação significativamente negativa entre a temperatura e a incidência larvar.

Singh e Singh (1996) observaram um surto invulgar da broca da vagem da grama, *H. armigera*, na variedade de soja Rabi J5335 em Sehore. As larvas apareceram na 1.ª semana de março, na fase de enchimento das vagens da cultura, com uma população média de 1,07 larvas/metro de comprimento de linha, que aumentou abruptamente durante a 3.ª semana de março até uma média de 13,92 larvas/metro de linha.

Patel e Koshiya (1997) analisaram a abundância sazonal de *H. armigera* (Hub) na estação rabi e mostraram a sua atividade durante os meses de novembro a janeiro-fevereiro. Ravi e Verma (1997) registaram a incidência sazonal de *H. armigera* no grão-de-bico, em relação à época de sementeira, tendo a incidência de *H. armigera* começado na primeira semana de janeiro e atingido o seu pico em março.

Jadhav e Suryawanshi (1998) estudaram a dinâmica populacional e a infestação de grão-de-bico por *H. armigera.* A incidência da praga variou de 0,08 a 3,05 larvas/planta a partir de 27 dias após a semeadura (DAS) e atingiu o pico aos 48 DAS.

Saini e Jaglan (1998) estudaram a cultura do grão-de-bico nos distritos de Hisar e Sirsa, Haryana, Índia, em diferentes meses, e registaram uma população bastante elevada de 3,8 a 9,9 larvas/metro de comprimento de linha após a terceira semana de dezembro, o que teve uma correlação positiva com a temperatura. Concluiu-se que a maioria das larvas foi morta durante os meses de inverno e que apenas algumas estavam presentes na fase de formação das vagens da cultura.

Patel e Koshiya (1999) relataram, em Gujarat, que a praga apareceu pela primeira vez na 3ª semana de novembro e atingiu o seu pico na 3ª semana de dezembro, na fase de vagem do feijão-frade. A atividade da praga foi registada de novembro a fevereiro. Entre os vários factores abióticos, a temperatura máxima e mínima, bem como a pressão de vapor, apresentaram uma tendência decrescente, o que contribuiu para as flutuações populacionais das larvas *de H. armigera.*

Mishra e Srivastava (2000) observaram populações da broca da vagem da grama (*H. armigera*) em Madhya Pradesh durante o *Rabi* de 1998-99. A população máxima da broca das vagens (10,8± 4,9 larvas / m^2) foi registada em Bhendari.

Kumar (2001) observou *H. armigera* na primeira semana de fevereiro (5.ª semana) em variedades de feijão-frade de maturação tardia. Após a 1ª quinzena (11ª semana), a população de larvas diminuiu para um mínimo de 2,9 larvas/10 vagens em meados de abril, quando a temperatura atmosférica, a humidade relativa, a velocidade do vento e a taxa de evaporação coincidiram em 34,24 °C, 64,28%, 4,90 km/h e 8,28 mm/dia, respetivamente. A temperatura atmosférica teve um papel positivo no aumento da população da praga, enquanto outras variáveis tiveram um comportamento negativo. O coeficiente de determinação (R^2) foi calculado em 69,12 por cento.

Rao *et al.* (2001) registaram a incidência sazonal e o desempenho da *H. armigera* de novembro de 1996 a janeiro de 1997 no quiabo, algodão, feijão-frade e grão-de-bico. A incidência de *H. armigera* foi observada na fase de floração, 38 dias após a sementeira, e o pico de incidência foi registado aos 87 dias de idade (20 larvas/10 plantas), em janeiro, no grão-de-bico.

Devi *et al.* (2002) constataram que a parasitagem máxima de *H. armigera* por *C. chlorideae* foi observada na 4ª semana padrão, que foi de 3,5/m^2. Joshi e Brar (2003) efectuaram um estudo sobre a incidência da broca da vagem da grama (*H. armigera*), na grama kabuli (*C. arietinum*) cv-L-550, semeada em dezembro.

Manjunath *et al.* (2003) referiram que a população larvar da praga permaneceu ativa ao longo de toda a fase de crescimento, com a atividade máxima (4,56 larvas/planta) na fase de formação das vagens e a mais baixa (1,58 larvas/planta) na fase de floração, enquanto a atividade moderada (3,36 larvas/planta) foi encontrada na fase vegetativa. Singh (2003) referiu que *a H. armigera* se manifestou com o aumento súbito da temperatura mínima no início de fevereiro (6.ª semana normal).

Vishwa Dhar *et al.* (2003) referiram que um aumento súbito de (7,5^{0}C) na temperatura mínima por volta das 7-8 semanas-padrão (segunda quinzena de fevereiro) e a queda de chuva durante as 1-9 semanas-padrão (janeiro-fevereiro) estavam associados a uma população adulta considerável durante as 5-7 semanas-padrão, o que desencadeou um grande aumento da população da praga por volta das 10-14 semanas-padrão (segunda quinzena de março).

Gupta *et al.* (2004) observaram que a infestação por *H.armigera* ocorreu em março e abril, com capturas máximas de 70% de traça durante a última quinzena de março e a primeira quinzena de abril.

Chandel *et al.* (2005) observaram que a praga infestava o grão-de-bico e o feijão-frade apenas a partir de outubro, não sendo detetável noutras plantas hospedeiras. Depois de a praga ter infestado o grão-de-bico em março, a praga foi encontrada a infestar o girassol e a população mais baixa foi observada no tomateiro no mês de junho.

Singh *et al.* (2005) registaram a população larvar de *H.armigera*, da primeira semana de dezembro (3,26 larvas/m^2) à segunda semana de abril (4,40 larvas/m^2). Shan e Shahzad (2005) registaram a população de *H. armigera*, que era baixa durante 496 th semanas padrão, mas aumentou a partir de 7 th semanas padrão e diminuiu novamente durante 14 th semanas padrão.

Vichiter *et al.* (2005) relataram que a população de larvas, inicialmente observada aos 15 dias após a semeadura (0,2-0,8 larvas/m^2), aumentou gradualmente até a primeira semana de

dezembro (3,00-3,40 larvas/m^2), tendo depois diminuído até ao final de janeiro. A população começou a aumentar novamente a partir de meados de fevereiro (1,01,8 larvas/m^2) até à segunda semana de abril (8,0-10,8 larvas/m^2), tendo depois diminuído abruptamente. O primeiro pico da população larvar foi registado na primeira semana de dezembro (3,26 larvas/m^2), enquanto o segundo pico foi registado na segunda semana de abril (4,40 larvas/m^2). A temperatura máxima e a temperatura mínima tiveram uma correlação positiva significativa com a população larvar. A precipitação teve uma correlação positiva com a população de larvas apenas durante 1998-99. A humidade relativa máxima foi negativamente correlacionada com a população de larvas.

Viswadhar *et al.* (2005) desenvolveram um modelo de previsão de *H. armigera* no feijão-frade. Um aumento súbito da temperatura mínima >5°C por volta da semana padrão 7-8 e da precipitação durante as semanas padrão 1-9, juntamente com uma captura considerável de traças adultas (acima de 15/semanas) durante as semanas padrão 5-7, desencadeia um grande aumento da população da praga durante as semanas padrão 10-14.

Singh e Ali (2006) registaram a incidência sazonal de *H. armigera* e a atividade do parasitoide, *C. chlorideae*. A atividade larvar de *H. armigera* manteve-se ao longo de toda a época de cultivo, com dois picos, o primeiro das 45 às 49 semanas-padrão e o segundo das 5 às 13 semanas-padrão. As populações larvares médias mais elevadas foram observadas entre as 45 e as 12 semanas padrão, com 6,3 e 6,4 larvas/m^2, respetivamente. A parasitagem máxima por *C. chlorideae* foi observada na 4.ª semana padrão, que foi de 3,5/m^2.

Krishnakant *et al.* (2007) estudaram a dinâmica populacional de *H.armigera* em grão-de-bico nas condições J e K, e relataram que o acúmulo de população larval começou durante a 9.ª semana padrão com 0,8 e 0,6 larvas/ 10 plantas, respetivamente em culturas de baixa e alta densidade. A população atingiu o seu máximo durante a 14.ª semana padrão, com 46,8 e 48,2 larvas/10 plantas, respetivamente, em culturas de densidade superior. Depois disso, a população começou a diminuir e atingiu 7,2 e 9,8 larvas/ 10 plantas nas culturas de densidade respetiva.

Hossain *et al.* (2009) registaram uma incidência sazonal de *H. armigera*. A incidência começou entre a 2.ª e a 4.ª semana de janeiro, independentemente das datas de sementeira. A população de brocas flutuou consoante as datas de sementeira. A população da broca da vagem foi mais elevada nas culturas semeadas cedo (15 de outubro a 1 de novembro) e, com o adiamento das datas de sementeira de 1 a 30 de novembro, a população diminuiu e depois voltou a aumentar. Observou-se que tanto as colheitas precoces (15 de outubro a 1 de novembro) como as tardias (a partir de dezembro) sofreram maiores danos causados pela broca da vagem e produziram menor rendimento. Mas as culturas semeadas a meio (08 a 30 de novembro) sofreram menos danos da broca das vagens e produziram maior rendimento.

Bajya *et al.* (2010) relataram que a população de larvas *de H. armigera* começou durante a terceira semana de novembro no grão-de-bico. A população mais elevada (9,2 larvas/10 plantas) foi registada durante a segunda semana de março e diminuiu gradualmente. A praga esteve ativa de novembro a março nesta cultura. No grão-de-bico, a temperatura mínima, a chuva, a pressão de vapor e a humidade relativa de manhã e à noite foram positivamente correlacionadas com o aumento da população de *H. armigera*.

II. Correlação entre a população larvar e os factores a-bióticos:

Vaishampayan e Veda (1980) referiram a precipitação como um dos principais factores que influenciam a formação da população de larvas na cultura. A precipitação de 250 mm ou mais em setembro e outubro foi altamente favorável à formação do pico da primeira geração de larvas na fase de pré-floração. As chuvas de inverno de mais de 25 mm em janeiro e fevereiro foram também favoráveis à praga, uma vez que a precipitação nesta altura determinou o tamanho da segunda geração na fase de formação das vagens. Uma temperatura mínima diária entre 10 e 14°C foi considerada a mais favorável para o desenvolvimento da praga.

Tripathi e Sharma (1985) observaram a população larvar de *H. armigera* em grão-de-bico na cintura Terai de Uttar Pradesh. Os factores importantes que indicam a probabilidade de uma população crescente são a humidade relativa inferior a 70 por cento e a baixa precipitação. A temperatura (mínima) de 12,21°C foi a mais favorável ao desenvolvimento da praga.

Yadav e Lal (1988) referiram que o coeficiente de correlação era positivamente significativo no caso das temperaturas máxima e mínima, mas não era negativamente significativo no caso da humidade relativa.

Anwar *et al.* (1992) registaram que, no Paquistão, a população de larvas permaneceu baixa durante dezembro e janeiro e aumentou durante fevereiro-março. A fase de floração e formação de vagens da cultura e a temperatura relativamente elevada favoreceram o aumento da população de larvas.

Dubey *et al.* (1995) estudaram a dinâmica populacional da broca da vagem da grama e encontraram um pico de atividade em fevereiro e março. Os factores ambientais (temperaturas, humidade relativa e precipitação) tiveram um impacto no desenvolvimento da população da praga.

Lal (1996) relatou que a população da praga diminuiu rapidamente no final de março com o aumento da temperatura. Diversos factores climáticos, como a temperatura, a precipitação, a humidade relativa, a insolação e a velocidade do vento, podem ser atribuídos ao aumento da população e à eclosão da *H. armigera.*

Tripathi *et al.* (1999) registaram uma correlação negativa entre a precipitação e a população média de larvas. Patel e Koshiya (1999) referiram que os factores abióticos, a temperatura máxima e mínima, bem como a pressão de vapor, apresentavam uma tendência decrescente, o que contribuía para as flutuações da população de larvas *de H. armigera.*

Kumar (2001) observou que a temperatura atmosférica desempenhava um papel positivo no aumento da população da praga, enquanto outras variáveis se comportavam negativamente. O coeficiente de determinação (R^2) foi calculado em 69,12 por cento para a broca da vagem do grão-de-bico.

Singh (2003) observou que a temperatura e a precipitação tinham uma correlação positiva significativa, a humidade máxima e mínima tinham uma correlação negativa significativa e as horas de sol não tinham um efeito significativo na população larvar de *H. armigera.*

Shah e Shahzad (2005) verificaram que existia uma correlação positiva entre a densidade larvar e a temperatura média máxima e mínima, mas que existia uma correlação negativa entre a densidade de instares larvares e a humidade relativa média matinal.

Vichiter *et al.* (2005) referiram que a temperatura máxima e a temperatura mínima tinham uma correlação positiva significativa com a população de larvas. A precipitação teve uma correlação positiva com a população de larvas apenas durante 1998-99. A humidade relativa máxima foi negativamente correlacionada com a população de larvas.

Bajya *et al.* (2010) referiram que a temperatura mínima, a chuva, a pressão de vapor e a humidade relativa de manhã e à noite estavam positivamente correlacionadas com o aumento da população de *H. armigera* no grão-de-bico.

III. *Helicoverpa armigera* - Biologia do grão-de-bico

No grão-de-bico, as larvas da broca das vagens encontram-se durante quase toda a época de cultivo. Alimentam-se da folhagem durante a fase inicial de crescimento e, mais tarde, danificam as vagens, inserindo metade do seu corpo para se alimentar dos grãos em desenvolvimento.

Ghosh e Prasad (1986) relataram os efeitos de diferentes alimentos (folhas e vagens de grama [*Cicer arietinum*] e uma combinação de ambas as folhas e vagens, vagens de arhar [*Cajanus cajan*] e frutos de tomate) no desenvolvimento do noctuídeo também foram avaliados. O desenvolvimento foi mais rápido nas vagens *de C. cajan*, com um período larvar médio de 13,0 dias, em comparação com 14,0, 14,6, 14,8 e 16,6 dias nas vagens de *C.* arietinum, folhas, vagens mais folhas e frutos de tomate, respetivamente.

Yadav e Lal (1988) referiram que a população larvar de *H. armigera* ocorreu no grão-de-bico durante toda a sua fase de crescimento, sendo baixa na fase vegetativa e de floração e alta na fase de desenvolvimento do grão. Registaram-se dois picos de larvas, o primeiro entre a semana padrão 47-50 e o segundo entre a semana padrão 11-15. Verificou-se que os coeficientes de correlação eram positivamente significativos no caso das temperaturas máxima e mínima, mas não eram negativamente significativos no caso da humidade relativa e da percentagem de parasitismo.

Sehgal e Ujagir (1990) referiram que os danos causados pela broca das vagens no grão-de-bico se deviam à sincronia do pico populacional de março-abril com a formação das vagens.

Patel e Koshiya (1997) estudaram a abundância sazonal de *H. armigera*. Durante a estação Kharif, a praga iniciou a sua atividade no amendoim a partir da primeira semana de julho. Depois disso, a praga passou para a cultura do algodão a partir da última semana de julho e começou a aumentar a sua população durante os meses de agosto a meados de setembro. Simultaneamente, a infestação da praga foi também registada no girassol e na luzerna durante este período, mas a população era muito baixa no girassol. No entanto, na luzerna, a população atingiu o seu pico em setembro. Na estação Rabi, a atividade da praga foi observada no grão-de-bico entre novembro e janeiro-fevereiro, mas a sua população atingiu o pico em dezembro. Novamente em fevereiro, a praga iniciou a sua atividade no amendoim e esteve ativa até junho.

Bhatt e Patel (2001) estudaram a biologia de *H. armigera* à temperatura ambiente durante dezembro de 1998 a fevereiro de 1999. Houve seis instares larvais e o período larvar foi de 20,60± 1,78 dias, enquanto o período pupal foi de 16,21± 1,40 dias. A longevidade média dos machos foi de 9,15± 0,90 dias, enquanto a das fêmeas foi de 11,40± 0,91 dias. A duração da vida total (do ovo até à morte do adulto) para os machos foi de 50,9± 4,89 dias, enquanto que para as fêmeas foi de 53,90± 5,41 dias. O número médio de ovos postos pela fêmea foi de 990,70± 127,40. A percentagem de eclosão dos ovos foi de 90,89± 5,23. Os períodos de pré-oviposição, oviposição e pós-oviposição foram de 2,85± 0,65, 7,5± 0,86 e 1,10± 0,54 dias, respetivamente. A proporção entre machos e fêmeas foi de 1: 0,81.

Mullick e Singh (2001) estudaram o efeito do alimento larvar, isto é, folhas e botões de flores de quatro leguminosas, nomeadamente grão-de-bico (*Cicer arietinum* L.), feijão-de-pombo (*Cajanus cajan* Millsp.), grama-preta (*Vigna mungo* L.) e feijão-frade (*Vigna unguiculata* Walp.) no período de pré-oviposição, fecundidade e longevidade das fêmeas *de H. armigera.* O período de pré-oviposição das fêmeas criadas durante os estádios larvares em folhas de grão-de-bico foi significativamente mais curto em comparação com as criadas em folhas de outras plantas hospedeiras. Não se observaram diferenças significativas no período de pré-oviposição das fêmeas alimentadas com botões de flores de diferentes leguminosas durante a fase larvar. A produção de ovos e a longevidade dos adultos criados em botões de flores de grão-de-bico foram significativamente baixas ($P< 0,01$) em comparação com outros botões de teste. As observações indicam que as folhas do feijão-frade e do feijão-caupi e os botões florais do feijão-frade contêm factores nutricionais que promovem a produção de ovos nas fêmeas *de Helicoverpa.*

Bantewad e Sarode (2000) revelaram que o material alimentar influenciou o desenvolvimento larvar e pupal do inseto. A ervilha-de-angola foi considerada o hospedeiro mais adequado para *H. armigera,* com o período larvar mais curto de 13,42 dias, seguido de dieta artificial, milho, sorgo, ambadi vermelho, feijão-frade e calêndula, com 15,97, 16,42, 19,00, 19,67, 25,62 e 30,72 dias, respetivamente. No entanto, não se registou qualquer correlação entre o período larvar e o peso, bem como entre o período pupal e o peso. Analisando a adequação global dos diferentes hospedeiros estudados relativamente a vários aspectos biológicos, o feijão bóer e o milho podem ser considerados os hospedeiros mais adequados para este inseto.

Borah e Dutta (2002) relataram que os ovos de *H. armigera* eclodem em 3,39 dias. A broca da vagem tem seis instares larvais e as larvas levam 19,77 dias para completar o seu desenvolvimento. Os períodos pré-pupal e pupal são de 2,28 e 14,27 dias, respetivamente. A traça fêmea vive comparativamente mais tempo (8,66 dias) do que o macho (6,38 dias). A relação sexual entre machos e fêmeas é de 1:1,45.

Khandwe e Gujrati (2002) relataram que a biologia da broca das vagens, *Helicoverpa armigera*, em ervilha-de-angola foi estudada em laboratório. A traça fêmea pôs ovos em botões, flores e folhas de ervilha-de-angola, em pequenos lotes de 1 a 10. O período médio de incubação, larvar, pré-pupal e pupal durou 3,93+ou-0,85, 18,06+ou- 0,77, 2,26+ou-0,44 e 16,66+ou-1,24 dias, respetivamente. A longevidade média dos adultos foi de 10,8+ou-1,46 dias para os machos e de 13,4+ou-1,08 dias para as fêmeas. A duração média do ciclo de vida foi de 40,51+ou-3,30 dias.

Suganthy *et al.* (2003) revelaram que a emergência máxima da traça foi observada durante a segunda, terceira e quarta semanas de janeiro e também na primeira semana de fevereiro, ou seja, entre 65 e 85 dias de idade da cultura em Andhra Pradesh. O pico de atividade da praga foi observado na primeira quinzena de dezembro, janeiro e fevereiro em Andhra Pradesh, quando a cultura se encontrava na fase de pico de formação de vagens.

Ahmad e Rai (2005) registaram dois picos importantes na sua população: o primeiro durante a fase vegetativa (1,0-1,6 larvas/m de comprimento de linha) entre 47-52 semanas padrão e o segundo durante a fase reprodutiva (2,5-6,0 larvas/m de comprimento de linha) entre 8 e 11 semanas padrão. Em Kanpur e arredores, verificou-se que *a H. armigera* sobrevive em oito culturas cultivadas, nomeadamente grão-de-bico, feijão-frade (precoce e tardio), tomate, sorgo, malmequer, quiabo e milho.

Hossain *et al.*, (2007) os períodos de pré-oviposição, oviposição e pós-oviposição foram de 2,25+ou-0,19, 3,45+ou-0,23 e 1,15+ou-0,08 dias, respetivamente. As fêmeas puseram 680-1620 ovos individualmente ou 2-6 ovos num cacho durante a noite, durante 3,45 dias do período de oviposição. A percentagem de eclosão dos ovos foi de 85,77+ou-5,19. O período de incubação dos ovos variou de 2-4 dias. A larva passou por seis instares e as durações das larvas de 1º, 2º, 3º, 4º, 5º e 6º instares foram de 2-4, 2-4, 2-3, 1-3, 1-3 e 1-2 dias, respetivamente. O comprimento e a largura das larvas adultas variaram entre 25,0-36,0 mm e 4,0- 5,5 mm, respetivamente. Foi necessário um período de 10-15 e 9-14 dias para completar as fases de larva e pupa, respetivamente. A longevidade dos machos e das fêmeas variou entre 3-5 e 4-9 dias, respetivamente. O macho e a fêmea completaram o seu período de vida (ovo até à morte do adulto) entre 28-33 dias e 29-36 dias, respetivamente. A proporção entre machos e fêmeas foi de 1:0,76.

IV. Inimigos naturais associados a *H. armigera*:

Mehto *et al.*, (1989) registaram um total de 8 espécies, incluindo Araneae, *Coccinella septempunctata* e *Campoletis chlorideae. Coccinella septempunctata* foi registada como um predador potencial de *Aphis craccivora,* e *Chrysopa* sp. e *Pantala* sp. foram também observadas a predar *A. craccivora.* O lagarto *Calotes versicolor* predou a maior parte dos insectos pragas presentes. *Campoletis chlorideae* foi registado como parasitoide do noctuídeo *Heliothis armigera* [*Helicoverpa armigera*].

A preferência por plantas hospedeiras de *S. illota - um* parasitoide de larvas e pupas de *H. armigera* - foi estudada através da comparação das percentagens de parasitismo de larvas colhidas em feijão bóer e grão-de-bico durante dezembro e janeiro de 1993 a 1996 e indicou que *S. illota* preferia mais *H. armigera* infestando feijão bóer (19,39 %) do que infestando grão-de-bico (7,74 %) **(Chaudhari e Nikam,1999).**

Kaushal *et al.* (1999) registaram 34,2% de parasitismo de larvas *de H. armigera* por C. *chlorideae* num campo de cravos em Naumi, Himachal Pradesh.

Reddy e Manjunatha (1999) registaram a influência das plantas hospedeiras no parasitismo de *H. armigera* por dois parasitóides de ovos, *Trichograma chilonis* e *Trichogramma achaea*, durante 1992-93 e 1993-94 em Karnataka, e indicaram que o parasitismo era baixo no grão-de-bico (0-1,5 %) e no cártamo (4-13 %). Foram registados níveis moderados a elevados de parasitismo (16-63 %) nas culturas de sorgo, feijão-frade, girassol, milho, soja e algodão.

Chaudhari (2000) estudou o efeito do parasitismo de *S. illota* em larvas de 3rd, 4th, 5th e 6th instares de *H. armigera* colhidas em campos de feijão-de-gato e grão-de-bico e criando-as em laboratório durante 1993-94, 1994-95, 1995-96 em Rahuri, Maharashtra. O parasitismo médio foi de 13,05 por cento (1993-96). As taxas de parasitismo mais elevadas, de 28, 36 e 42,6%, respetivamente, foram observadas em novembro de 1993, novembro de 1994 e dezembro de 1995, enquanto as taxas de parasitismo mais baixas, de 0,8, 1,67 e 4,2%, respetivamente, foram registadas em janeiro de 1994, fevereiro de 1994 e março de 1995.

Kaur *et al.* (2000) relataram que a parasitização em larvas *de H. armigera* devido a *C. chloridae* variou de 0,98 a 68,50 por cento durante toda a estação de cultivo, sendo alta durante a ^{3a} semana de fevereiro de 1999, quando a temperatura média mínima e a humidade relativa foram de 11,9^{0} C e 95 por cento, respetivamente.

Mishra e Shrivastava (2000) relataram que a população máxima de broca de vagem (10,8+ou-4,9 larvas/m^2) foi registada em Bhendari, seguida de Chamari (9,8+ou-3,1 larvas/m^2). Os inimigos naturais desempenham um papel fundamental na supressão da população da broca da vagem e registou-se um pico de parasitismo de 52,7-90,1% nos vários locais. Entre os inimigos naturais registados, o fungo *Beauveria bassiana* Balsamo e o icneumonídeo *Campoletis chlorideae* Uchida foram dominantes. *Carcelia sp.* e *Eriborus sp.* foram pouco importantes.

Devi *et al.* (2002) observaram 5 parasitóides associados a *H. armigera* e entre eles *C. chlorideae* foi o mais importante causando 0,18 a 23,81% de parasitismo de março a maio. Observaram incidências máximas dos parasitóides durante a primeira e segunda semanas de abril. Também registaram uma correlação positiva elevada entre a praga e os inimigos naturais na supressão da população da praga até um certo ponto. As aranhas, as aves como o pardal doméstico, o minau comum, a pomba manchada e o bulbul, os escaravelhos predadores e as formigas também foram referidos como predadores da praga.

Gupta e Deshraj (2003) estudaram a extensão do parasitismo e a atividade sazonal de *C. chlorideae* no ecossistema de grão-de-bico das colinas mais baixas de Himachal Pradesh e encontraram 4,5-32,0 por cento de parasitismo nas larvas, sendo o máximo no 4.°instar. O parasitoide esteve ativo desde a última semana de março até à primeira semana de maio e a sua atividade cessou quando a temperatura atingiu valores superiores a $^{40°C}$.

Joshi e Brar (2003) observaram que a mortalidade natural máxima devida ao vírus da poliedrose nuclear de *H. armigera* (HanPV) na grama preta e na grama kabuli foi registada na 4ª semana de março (7,6 e 8,3%, respetivamente). A percentagem de parasitismo devido a *Campoletis chlorideae* na grama preta foi de 2,0 e na grama kabuli foi de 2,6%, na 2ª semana e na 3ª semana de março, respetivamente.

A extensão da parasitação de larvas *de H. armigera* devido a *C. chlorideae* variou entre 9,0-37,3 por cento durante 1999-2000 e 5-11 por cento durante 2000-2001 em Pantnagar **(Rai *et al.*, 2003).**

Pandey *et al.*, (2005) referiram que a população larvar de *H. armigera* atingiu o seu pico após a colheita da cultura. A sementeira da grama depois de 20 de outubro reduziu o rendimento do grão, uma vez que a infestação aumentou rapidamente devido à diminuição da atividade parasitária de *Campoletis chlorideae.* As culturas colhidas na 3ª semana de fevereiro escaparam à infestação causada pela larva devido à maior atividade parasitária de *Campoletis chlorideae* (80,5%), mas na cultura colhida na primeira semana de abril a infestação aumentou rapidamente devido à diminuição súbita da atividade de *Campoletis chlorideae* (40,3%). Com base nas observações registadas na experiência, também se concluiu que a atividade parasitária de *C. chlorideae* foi mais elevada (80,5%) quando as temperaturas máxima e mínima e a humidade relativa foram de 24,5 graus C, 8,6 graus C e 85%, e foi mais baixa (22,2%) quando os parâmetros acima referidos foram de 36,6 graus C, 18,5 graus C e 85%, respetivamente.

Pandey e Kumar (2006) referiram que o parasitismo devido a *C. chlorideae* nas larvas de *H. armigera* recolhidas em campos de gramíneas em Kanpur variou entre 25,0-59,2 por cento, com um parasitismo máximo de 59,2 por cento quando as larvas foram recolhidas a 15 de novembro.

O C. chlorideae foi o único parasitoide detectado, causando 20,9± 2,9, 24,9± 1,8, 20,0 e 25,9 por cento de mortalidade natural de larvas *de H. armigera* (377 n.º) colhidas em culturas de grão-de-bico, *trevo egípcio*, girassol e tomate em Ludhiana, entre

janeiro de 1998, maio de 1999 e o parasitismo natural médio variou entre 22,3± 3,7% em 1998 e

22,9± 2,4% em 1999, independentemente dos campos visitados em diferentes agro-ecossistemas **(Singh e Battu, 2006).**

Bisane e Katole (2008) estudaram a tabela de vida de *H. armigera* no feijão-frade. Registaram 9,35% de mortalidade nos ovos, mas não conseguiram registar qualquer parasitoide associado a esta fase da praga. As larvas mais pequenas foram as mais vulneráveis aos parasitóides, tendo sido registado um total de 37,7% de mortalidade. A maior parasitagem (15,58%) foi registada devido a *Eriborus argentopilosus*, seguido de *Compoletis chlorideae* (5,53%). Nas larvas maiores e pré-pupais, a Tachnidfly causou 7,37 e 5,28% de parasitismo, respetivamente. Além disso, a doença causada pelo HaNPV contribuiu para uma redução de 2,52 e 0,49 por cento das larvas maiores e mais pequenas, respetivamente.

As diferentes fases de vida de *H. armigera* foram recolhidas em culturas de feijão-frade e grão-de-bico e criadas em condições laboratoriais para observar o parasitismo durante 2004-05 e 2005-06. *Eriborus argentopilosus* foi o parasitoide dominante, responsável por 20,73% e 18,95% de mortalidade em larvas de instar inicial no período inicial de infestação (novembro) em feijão-frade e grão-de-bico, respetivamente. *Bracon* spp. também mostrou atividade significativa no período inicial de atividade da praga (novembro). *C. chlorideae* registou o parasitismo máximo no período de pico da infestação em ambas as culturas. O parasitismo total do instar larvar inicial atingiu 29,27 e 26,32 por cento, respetivamente, durante novembro e dezembro no feijão-frade e no grão-de-bico. O taquinídeo esteve principalmente associado à mortalidade das fases tardias da vida. Nas fases de pupa, o taquinídeo foi responsável por 14,94 e 20,0 por cento de redução na população de *H. armigera* em dezembro e janeiro em feijão-frade e grão-de-bico, respetivamente **(Bisane e Deotale, 2008).**

V. Controlo integrado de pragas da broca das vagens, *H. armigera*, no grão-de-bico

Ujagir *et al.* (1977) testaram diferentes insecticidas e biopesticidas, nomeadamente profenofos, endossulfão, *Bacillus thuringiensis* (Dipel 8L) HNPV, HNPV + endossulfão, para a gestão de *H. armigera* no grão-de-bico. Todos os tratamentos, exceto o Dipel, resultaram num aumento do rendimento do grão.

Whitlock (1977) registou uma relação inversa entre a mortalidade e a idade larvar de *H. armigera* no caso do VLP. Também se verificou a existência de um grau de imunidade maturacional contra o NPV.

Santharam e Balasubramanian (1982) avaliaram uma de campo na Índia, em três pulverizações, a aplicação do NPV sozinho a uma taxa de 375 LE/ha deu a menor percentagem de danos nas vagens (7,28) e o maior rendimento de grãos (1,488 kg/15m$^{2)}$.

Chundurwar *et al.* (1990) testaram o efeito do vírus da poliedrose nuclear (NPV) em combinação com ácido bórico e tânico em larvas de *H. armigera*, alimentando-se de folhas de grão-de-bico tratadas. A maior mortalidade larvar foi obtida com NPV + 0,5% de ácido bórico com uma LT_{50} de 136,8 h.

Dhandpani *et al.* (1994) referiram que as formulações de iscos que incorporam NPV em várias combinações com farinha de milho, soja ou grão-de-bico, açúcares, pó de sementes de algodão e extractos de larvas de *H. armigera*. Os iscos contendo extractos de larvas com farinha de grão-de-bico ou de milho foram mais eficazes.

Noorani *et al.* (1994) utilizaram três insecticidas, *nomeadamente* Thiodan R 35 EC (endossulfão), Karate R 2,5 EC (cialotrina) e FCR-4545, 25 E (ciflutrina K+L), contra *H. armigera* Hub. em grão-de-bico e concluíram que o Thiodan R-35 EC e o FCRR-4545 25 E eram os melhores produtos químicos para controlar a população da praga.

Sarode *et al.* (1995) avaliaram *o HaNPV* e o NSKE contra a *H. armigera* (Hub.) em Maharashtra e verificaram que ambos deram bons resultados na redução da população larvar. No entanto, *o* HaNPV (500LE/ha) mais o NSKE @ 6% deram uma redução máxima na população larvar, 79,8 e 65,2 por cento aos 7 e 14 dias após a pulverização, respetivamente.

Shukla *et al.* (1996) verificaram que a aplicação de *HaNPV* a 250, 300, 350 LE/ha proporcionava um rendimento mais elevado do que as parcelas de grão-de-bico de controlo não tratadas, mas o rendimento era inferior ao do Endosulfan.

Vyas e Lakhohaura (1996) constataram que três pulverizações de HaNPV @ 250 LE/ha reduziram a população de larvas e aumentaram a mortalidade da praga *H. armigera* (Hub.) no grão-de-bico em Pantnager. No entanto, duas aplicações de Endosulfan a 0,07% foram superiores aos tratamentos com *HaNPV* (250 LE/ha).

Galande e Ajri (1997) observaram o efeito de três doses de vírus da poliedrose nuclear (NPV) 5,40 x $10^{8,}$ 5,40 x 10^5 e 5,40 x 10^3 PIB^s/ml no consumo, digestão e utilização de folhas de grama por larvas de *H. armigera* com 8 dias de idade durante 5 dias. O peso das larvas alimentadas no quarto e no quinto dia foi menor. Observou-se que a taxa de crescimento bruto e a eficiência líquida da utilização de alimentos para a matéria corporal foram alteradas nos insectos infectados.

Kumawat e Jheeba (1999) estudaram a gestão ecológica da broca da vagem da grama em Jalore. A menor infestação de vagens e o maior rendimento foram obtidos com a pulverização alternada de *HaNPV* e Endosulfan. O tratamento químico proporcionou os rendimentos líquidos mais elevados, seguido do *HaNPV*.

Chandra *et al.* (1999) observaram a eficácia de produtos à base de Bt, nomeadamente Biolep, Biobit e Dipel, contra larvas de terceiro instar em condições controladas. Todas as concentrações de produtos Bt mostraram efeitos adversos no crescimento e desenvolvimento do inseto testado. Aumento da mortalidade larvar, inibição do crescimento no período larvar e diminuição da pupação e do peso das pupas.

Singh *et al.* (1999), em condições de campo em Bihar, verificaram que *o* HaNPV (250LE/ha) e a formulação de *B. thuringiensis* como Dipel 8L (1 litro/ha) e Delfin WG (1 kg/ha) eram superiores ao controlo não tratado na redução dos danos nas vagens e no aumento do rendimento de grãos. No entanto, quando utilizados em combinação com Endosulfan, estes reduziram ainda mais os danos nas vagens e aumentaram o rendimento do grão. As aplicações de Delfin, Dipel e *HaNPV* reduziram os danos nas vagens para 4,21, 5,56 e 6,66 por cento e aumentaram o rendimento de grãos em 49,7, 47,2 e 46,7 por cento, respetivamente.

Chand e Ravindra (2000) estudaram a eficácia do NPV na gestão da *H.armigera* no grão-de-bico. Os tratamentos foram aplicados 3 vezes com intervalos de 7-10 dias. Os resultados mostraram que *a H. armigera* foi controlada através da utilização de VAL e que o rendimento do grão foi mais elevado (1029 kg/ha) quando a VAL foi aplicada com 5% de açúcar bruto + 5% de amido, seguido de 5% de açúcar bruto + 15% de extrato de sementes de grão-de-bico (972,29 kg/ha).

Katole *et al.* (2000) avaliaram a eficácia do extrato de semente de Neem, do estrume de vaca, da urina (5,0%) e do Endosulfan (0,03%) em diferentes módulos de MIP contra *H. armigera* (Hub.) no grão-de-bico, em condições de campo. NSE (5%) + Endosulfan (0,035%) e NSE (5%) sozinho com duas aplicações em intervalos de 15 dias a partir de 50% de floração, foram os tratamentos mais eficazes e económicos na gestão de *H. armigera.* O esterco de vaca e a urina foram ineficazes.

Gurjar *et al.* (2000) verificaram que o efeito da formulação/estirpes *de Bacillus thuringiensis* (Bt) no crescimento e desenvolvimento de *H. armigera* foi estudado in vitro, tendo o Biobit sido o mais tóxico para os recém-nascidos, seguido do Biolep e do Dipel.

Singh *et al.* (2000) avaliaram a bioeficácia de cinco módulos de MIP para a gestão de *H. armigera* (Hub.) em grão-de-bico, tanto em condições de regadio como de sequeiro no Rajastão. Os módulos IPM, com exceção do M4 e do M5, consistiram em três aplicações de inseticida por pulverização, enquanto o M-4 e o M-5 tiveram duas aplicações por pulverização. Foram observados danos mínimos nas vagens e um rendimento máximo de grãos no módulo M-1 com tratamento Ha NPV, Btk e Endosulfan, tanto em regadio como em sequeiro. O pinto padrão (duas pulverizações de endosulfan) foi considerado mais eficaz do que M- 3 (HaNPV, nimbecidina e nimbecidina) e M- 4 (duas pulverizações de Ha NPV e endosulfan) em termos de proteção das culturas e produção.

Suganthy e Kumar (2000) relataram a eficácia relativa de várias opções de proteção de plantas contra *H. armigera* em grão-de-bico no ICRCISAT durante a estação pós-chuvosa e consideraram o IPM como o melhor tratamento na gestão das larvas *de H. armigera* (37% de redução em relação ao controlo), seguido do endosulfan (33,0%) e do HNPV (29,0%).

Singh e Sharma (2001) testaram a eficácia de quatro módulos de GIP em Durgapura, em condições de regadio, para a gestão de *H. armigera* no grão-de-bico. Cada módulo consistiu em duas aplicações quinzenais, com início a 50 por cento da floração. Foram observados danos mínimos (5,60 por cento) e rendimento máximo de grãos em M-1 (Ha NPV-Bt subs. Kurstaki), que foi estatisticamente igual a M-2 (Ha NPV - endosulfan), tanto em termos de danos nas vagens como de rendimento. O controlo padrão (duas pulverizações de endossulfão) foi mais eficaz do que M-3 (HaNPV seguido de Numbecidina) e M-4 (duas pulverizações de HaNPV + endossulfão) no que diz respeito à proteção e produção do grão-de-bico.

Bhatt e Patel (2002) registaram que a bioeficácia do HaNPV e do Bt var. kurstiki, individualmente e em combinação com insecticidas, foi avaliada em grão-de-bico contra *H. armigera* em Gujarat. A cultura do grão-de-bico foi pulverizada duas vezes quando a população da praga excedeu a ET. Entre os diferentes biopesticidas e insecticidas sintéticos testados, o endosulfan 0,035 por cento + HaNPV 250 LE/ha e o endosulfan 0,07 por cento isoladamente foram significativamente superiores aos restantes tratamentos no controlo da população de larvas, na redução dos danos nas vagens e no aumento do rendimento do grão.

Dhingra *et al.* (2003) avaliaram uma mistura de insecticidas diferentes contra larvas de *H. armigera* de 3.ºinstar e registaram uma mortalidade larvar de 83,3% 72 após o tratamento, quando a mistura era. Spinosad + Ha NPV e Spinosad + Ha NPV + Spicturin.

Gowda *et al.* (2003) avaliaram o módulo de MIP de base bio-intensiva com o módulo de MIP à base de pesticidas, consistindo em Methonyl (0,30 kg/ha + endosulfan (1 litro/ha) + acefato) contra *H. armigera* em grão-de-bico, enquanto que os módulos de MIP bio-intensivo incluíam (Ha NPV @ 250 LE/ha + 5% NSKE e Ha NPV + NsKE + Ha NPV). Os danos nas vagens foram mais baixos (9,98%) no módulo de GIP à base de pesticidas, seguidos pelo módulo de GIP bio-intensivo (19,29%). Foi registado um rendimento de grãos significativamente mais elevado no módulo de IPM à base de pesticidas.

Mandal *et al.* (2003) referiram que, entre os biopesticidas, o Biolep (Btk) foi o mais eficaz (aplicado duas vezes a 1 kg ha^{-1}) no grão-de-bico, com 2,8 e 3,7 larvas/10 plantas, 6,4 e 8,8 por cento de danos nas vagens e 12,50 e 12,30 q ha^{-1} de rendimento, seguido do Bio-asp (Btk), Dipel e Virin (HaNPV). A relação benefício-custo obtida com os diferentes biopesticidas foi baixa devido ao seu preço elevado.

Gudannavar *et al.* (2004) utilizaram vários pesticidas biológicos, tais como NSKE 5 por cento, *B. bassiana* @ 2 ml /l-, *B. thuringiensis* @ 1 g/l-, NPV@ 125 a 250 LE ha^{-1}, Endosulfan (0,07 %), etc., em várias combinações para a gestão de *H. armigera* em feijão-frade. Com base na relação custo-eficácia e na estabilidade ambiental, a sequência composta por NSKE-B.*t*.-endosulfan foi considerada a mais eficaz, seguida pela melhor sequência com uma elevada relação B:C (5,13), NSKE-NPV(250 LE/ha)-endosulfan. Estes dois esquemas incluem apenas uma intervenção com inseticida tóxico e são facilmente adaptáveis devido à disponibilidade de componentes.

Ram (2003) registou a eficácia de produtos químicos e biorracionais contra *H. armigera* no grão-de-bico em condições de campo. Entre os produtos químicos, o Endosulfan foi considerado o mais eficaz, seguido do Monocrotophos. No caso dos biorracionais, o Biolep (0,5%) foi o mais eficaz, seguido do Bioasp (0,5%) e do NSKE (5%). Com base no BR, os insecticidas mais económicos foram o Monocrotofos (1:60,74) e o NSKE (5%) registou o CBR máximo (1:28,04).

Ahmad e Chandel (2004) relataram que a percentagem de redução foi de 77,6%. As parcelas tratadas deram um aumento de 36% no rendimento (variando entre 32,0 e 38,6%). A relação custo-benefício média foi de 1:3,3. Em 2001-02, a perda evitável devido ao tratamento do *HaNPV* foi de 2,4-14,0%, com um valor médio de 8,8%. As parcelas tratadas registaram um aumento de 44% no rendimento (variação de 10-70%). A relação custo-benefício média foi de 1:3,4.

A eficácia de indoxacarb (47 g/ha), spinosad (30 g/ha), beta-ciflutrina (7,81 g/ha), thiodicarb (469 g/ha), methomyl (125 g/ha), alanycarb (281 g/ha) e endosulfan (438 g/ha) foi testada contra *H. armigera*. Os resultados mostraram que o Spinosad proporcionou a redução máxima da população de larvas **(Karabhantanal e Awaknavar, 2004).**

Mandal e Sharma (2004) realizaram um ensaio de campo durante a estação *Rabi* de 1996-97 e 1997-98, que indicou que o Endosulfan (0,35 kg a.i./ha) foi o tratamento mais eficaz contra *H.armigera* (Hub.) no grão-de-bico, registando uma população média de 2,76 larvas/10 plantas e 4,26% de danos nas vagens, com um rendimento médio de 12,47 q/ha. *O Ha* NPV @ 250 LE foi igual ao Endosulfan no que respeita à população média de larvas (3,86/10 plantas), danos nas vagens (6,31%) e rendimento (11,70 q/ha). Os outros agentes de biocontrolo, viz. *Trichogramma chilonis, Chelonus blakburni, Bracon hebetor e Chrysoperla cornea* não foram considerados eficazes no controlo de *H.armigera* no grão-de-bico.

Sridevi *et al.* (2004) testaram a eficácia de diferentes micróbios isoladamente e em combinações contra *H. armigera* Spinosa (0,0018 ou 0,003 por cento isoladamente e as suas combinações 0,006 ou 0,0013 por cento com Btk (0,02 a 0,08 por cento) resultaram numa mortalidade larvar significativamente mais elevada de 100 por cento e 64,8 a 100 por cento, respetivamente. O tratamento individual de Btk (0,05 a 0,19 por cento) e *Beauvaria bassiana* ($1,6 \times 10^5$ a $2,5 \times 10^5$ esporos/ml) foram iguais, resultando em 53 a 75,6 e 60,4 a 75,3 por cento de mortalidade larvar, respetivamente.

Tiwari e Khan (2004) registaram 85,33% de parasitismo das três espécies de *Trichogramma* a 0,25 endosulfan, enquanto que um mínimo de 35,00% de parasitismo de *T. japonicum* estava ausente a 1,0% de endosulfan.

Kulkarni *et al.*, (2005) observaram em Dharwad, Karnataka, Índia, que a redução das larvas *de H. armigera* aumentava com uma maior exposição aos biopesticidas no grão-de-bico cv. ICCV-2. Os danos nas vagens diminuíram e o rendimento da cultura aumentou com o aumento das taxas de biopesticidas. Entre os biopesticidas, o NPV registou o maior rendimento de grãos (8,25 q/ha) e os menores danos nas vagens (20,07%).

A eficácia do VAL isolado ou em combinação com pesticidas foi avaliada contra o grão-de-bico infestado por *H. armigera*, tendo-se verificado um mínimo de danos nas vagens (6,2%) com o VAL @ 250 LE ha^{-1} em combinação com Monocrotofos (0,02%), seguido de VAL + Endosulfan @ 0,035% (8,5% de danos nas vagens), em comparação com 37,2% de danos nas vagens no controlo **(Sachan *et al.*, 2005).**

Sachan *et al.* (2005) relataram os tratamentos de NPV a 250 equivalentes larvares (LE/ha); NPV a 500 LE/ha; Endosulfan 35 EC a 0,07%; Monocrotophos 36 WSC a 0,025%; NPV a 250 LE/ha+Endosulfan 35EC a 0,035%; NPV a 250 LE/ha+ Monocrotophos 36 WSC a 0,025%; e conduziram todos os tratamentos a serem significativamente superiores ao controlo na redução dos danos nas vagens e no aumento do rendimento das vagens no grão-de-bico. No entanto, o NPV+ Monocrotophos foi identificado como o melhor tratamento, com o menor dano nas vagens (6,2%), bem como o maior rendimento de vagens (20,5 q/ha), lucro líquido (Rs 14115/ha) e relação benefício: custo (6,8).

Singh e Ali (2005) estudaram a eficácia de *HaNPV-250* LE, *Ha* NPV-350 LE/ha, Biolep (1%), extrato de semente de Neem (NSKE 5%) e Endosulfan (0,07%) contra *H.armigera* em grão-de-bico K-850. A mortalidade larvar máxima foi registada com Endosulfan 0,07% (85%), seguido pela formulação Bt de 1% (80%) e *Ha* NPV a 450LE/ha (75%), respetivamente, enquanto NSKE de 5% foi menos eficaz. O maior rendimento foi obtido com Endosulfan 0,07% (25 q/ha), seguido por *Ha* NPV a 450 LE/ha (23,66 q/ha) e Bt 1% (24 q/ha).

Visalakshmi, *et al.* (2005) verificaram que a integração de vários componentes do MIP é a melhor forma de reduzir os danos nas vagens (10,4 por cento) com maior rendimento de grãos do que o controlo (797,9 kg/ha). Entre os vários componentes do IPM, o neem, o *Helicoverpa nuclear* polyhedrosis vinus foram tão eficazes como o endosulfan na redução da população larvar e dos danos nas vagens.

Chandel *et al.* (2006) avaliaram a eficácia do NPV em associação com produtos botânicos para *H.*

armigera e relataram um efeito aditivo do NPV com produtos botânicos muito encorajador, sendo 27,1 contra 50 por cento no controlo.

Gulati e Kaushik (2006) estudaram a eficácia do NPV contra *H.armigera* em grão-de-bico em condições de campo. Foram aplicados oito tratamentos como *Ha* NPV @250 LE/ha, *Ha* NPV @500 LE/ha, *Bt* @ 1 kg/ha+ *Ha* NPV @250 LE/ha, *Ha* NPV @250 LE/ha+ Bt 1 kg/ha, *Ha* NPV @250 LE/ha +Endosulfan (0.07%) + *Bt* @ 1 kg/ha, Endosulfan (0.07%) e controlo. A população de larvas variou de um mínimo de 1,5 m de comprimento de linha no Endosulfan (0,07%) a um máximo de 3,5/m de comprimento de linha no *Ha* NPV 250 LE + Endosulfan (0,07%) + *Bt* 1kg/ha contra 5,6/m de comprimento de linha no controlo. Os danos nas vagens variaram de um mínimo de 9,2% em *Ha* NPV 250 LE/ha+ Bt 1 kg/ha a um máximo de 10,8% em *Ha* NPV 250 LE/ha contra 11,4% na testemunha. O rendimento máximo de grãos (32,68 kg/ha) foi registado em *Ha* NPV @ 250 LE/ha+ Bt 1 kg/ha que foi estatisticamente superior aos outros tratamentos.

Singh e Yadav (2006) testaram os insecticidas modernos, os insecticidas convencionais, os biopesticidas à base de Bt e as formulações à base de neem contra a broca da vagem do feijão-guandu e indicaram que o indoxacarbe deu os melhores resultados (apenas 5,2 % de danos nas vagens), seguido do espinosade (7 % de danos nas vagens) e do endossulfão (9,4 % de danos nas vagens). As parcelas pulverizadas com nimbicidina registaram um rendimento 86% superior ao do controlo.

Singh *et al.* (2006) observaram, numa experiência de campo realizada em Shriganganagar, o controlo da broca da vagem da grama (*H. armigera*) na cultura do grão-de-bico. Foram testados diferentes módulos de IPM, incluindo endosulfan, óleo de neem Ha NPV e Bt, e três pulverizações de endosulfan foram consideradas mais eficazes no controlo da broca da vagem da grama (6,83% de danos nas vagens), resultando no rendimento máximo de grãos. Seguiu-se o módulo de óleo de neem, Ha NPV e endosulfan (7,92%) de danos nas vagens com 2267 kg ha^{-1} de rendimento. O CBR máximo (4,14) foi registado nas três pulverizações de endosulfan.

Gupta (2007) referiu que os produtos indígenas, alho+pimenta vermelha (0,5, 1,0%), leite de manteiga de vaca (4-8%), leite de manteiga de búfala (8%) e Bacillus thuringiensis (0,2%) foram altamente eficazes e estatisticamente iguais aos pesticidas químicos quinalfos (0,05%) e cipermetrina (0,01%), não só na redução da população larvar e da percentagem de danos causados pela *H. armigera* nas vagens, mas também no aumento do rendimento do grão de bico. Verificou-se que o lucro líquido estava bastante próximo dos pesticidas químicos. A relação custo-benefício incremental foi mais elevada com o extrato de alho + pimenta vermelha -0,5% (19,4) e o leite de manteiga de vaca 4% (19,3). Assim, estes produtos indígenas podem ser utilizados de forma eficaz, económica e segura no controlo da incidência da broca da vagem do grão-de-bico.

Singh e Singh (2007) referiram que as parcelas pulverizadas com endosulfan a 0,07 por cento registaram 4,2 por cento de danos nas vagens contra 20 por cento no controlo. Também referiram que o NPV era menos eficaz do que o endosulfan.

Srinivasan e Durairaj (2007) avaliaram a bioeficácia de certos insecticidas mais recentes contra a broca da vagem da grama (*H. armigera*) e a mosca da vagem (*Melanagromyza obtusa*) no feijão-frade. Os resultados indicaram que a menor população de larvas *de Helicoverpa* (2,0/planta) foi registada com o uso de spinosad 45 SC (73 g a.i./ha) seguido de indoxacarb 14,8 SC (2,4/planta) em comparação com o controlo não tratado (6,7/planta). O maior rendimento de grãos foi registado nas parcelas tratadas com bifentrina, seguido de indoxacarb e spinosad.

Sharma *et al.* (2007) demonstraram e validaram vários módulos de GIP para a gestão da *H. armigera* nas aldeias de Astha e Nawandi, em Maharashtra, e referiram que a população de larvas *de H. armigera* era consistentemente baixa nos campos de GIP (1,08 m^{-1}), em comparação com a prática dos agricultores (1,85 $m^{(-1)),}$ o que resultou num nível mais baixo de danos nas vagens no GIP (5,37 %) do que na prática dos agricultores (16,15 $m^{-1)}$. A aplicação de HaNPV isolado e HaNPV + Endosulfan foram semelhantes e abrigaram, respetivamente, 3,24 e 3,22 larvas m^{-1} linha e registaram danos nas vagens de 17,6 e 18,8 por cento.

Gowda *et al.*, (2008) registaram um número significativamente mais elevado de vagens boas e totais, e um número mais baixo de vagens danificadas e percentagem de danos nas vagens no ICC 506 do que no Annigeri 1. No entanto, o rendimento de grãos foi igual entre estes dois genótipos. Entre os diferentes módulos, o módulo adotivo que consiste na aplicação ovicida de profenofos 50 EC a 500 g a.i./ha, seguido de HaNPV a 250 LE por ha e o módulo baseado em pesticidas (EC) que consiste na aplicação de clorpirifos 20 EC seguido de alfametrina 10 EC foi rentável. Os maiores lucros líquidos de Rs. 15 708 e Rs.13 479 foram obtidos no módulo adotivo e no módulo baseado em pesticidas (CE), respetivamente.

Jayashri *et al.* (2008), em experiências de campo sobre a gestão do complexo de brocas das vagens (*H. armigera* e *Exelastis atomosa*) em ervilha-de-angola, testaram alguns novos insecticidas, ou seja, novalurão 10 CE (Rimon, a 75 g/ha), espinosade 45 SC (Tracer, a 0,005%), indoxacarbe 14,5 SC (Avaunt, a 0.01%) e thiamethoxam 70 WS (Crusier Actra, a 0,005%) juntamente com dois insecticidas comuns, *ou seja*, endosulfan 35 EC (Endotaf, a 0,07%) e quinalfos 25 EC (0,05%), e três biopesticidas, *ou seja*, HNPV (Heliokill, a 250 LE/ha), *Azadirachtin* 3000 ppm (Neem Gold, a 0,03%) e Bt (Dipel, a 1 kg/ha). Os autores relataram que a percentagem de danos nas vagens e nos grãos causados por *H. armigera* e *E. atomosa* na colheita foi menor com o uso de spinosad e indoxacarb, mas todos os insecticidas químicos foram superiores aos biopesticidas.

Mohite *et al.*, (2009) observaram que a dieta artificial feita de sementes em pó de grão-de-bico foi modificada pela incorporação de material de sementes em pó de soja na proporção de 3:1 e foi avaliada contra *Helicoverpa armigera* quanto à taxa de desenvolvimento, parâmetros da história de vida e fecundidade. O estudo mostrou que o comprimento do corpo das larvas, o peso das larvas e das pupas e a fecundidade foram significativamente mais elevados com esta dieta, em comparação com a dieta de sementes de grão-de-bico em pó. A melhoria da técnica de criação em massa, especificamente para larvas de instar inicial, também ajudou na recolha e manuseamento de recém-nascidos, na transferência de larvas de segundo e terceiro instar para a dieta e na distribuição da dieta num grande número de células de criação.

Ali *et al.*, (2010) avaliaram a eficácia de cinco módulos de MIP para a gestão da *Helicoverpa armigera* no grão-de-bico, em vinte campos de agricultores durante o *rabi* de 2006-2007 e 2007-2008. Com base na avaliação, verificou-se que a população de *Helicoverpa armigera* foi reduzida significativamente no módulo-5, onde duas pulverizações de endosulfan 0,07% foram seguidas por M_3> M(2)> M(4)> M(1) em ordem decrescente. O maior rendimento de sementes e relação custo-benefício (24,71 q/ha, 1:5,27) foi encontrado no M5, seguido por M3, M2, M4 e M1 em ambos os anos.

Yadav e Sharma (2010) avaliaram os componentes do MIP contra *Helicoverpa armigera* nos campos dos agricultores durante as colheitas de 2007-08. Os componentes do pacote IPM, nomeadamente a colocação de poleiros para pássaros @ 50/ha para incentivar as aves predadoras, BTk @ 1,0 kg/ha e endosulfan 35 EC @ 0,07%, foram utilizados em parcelas de pelo menos 4000 m2. A população mínima de *H. armigera* foi registada no bloco IPM (1,38 larvas/m de comprimento de linha) em relação à prática dos agricultores (3,27 larvas/m de comprimento de linha). A incidência de *H. armigera* foi reduzida para 57,80% na prática recomendada. O rendimento de grãos aumentou (26,24%) nas práticas recomendadas em relação à prática dos agricultores e também foi obtido um retorno líquido adicional de Rs. 7245/ha.

Ugale *et al.*, (2011) observaram que a incidência média de *H. armigera* no bloco do MIP foi de 9,30 e 9,60 por cento, contra 16,50 e 15,45 por cento no bloco do método convencional (controlo químico) nas variedades Vihar e Digvijay, respetivamente, o que indica que houve uma redução de 43,63 e 37,86 por cento na incidência da praga nas respectivas variedades devido à adoção da estratégia do MIP. Da mesma forma, houve um aumento de 39,27 e 34,68 por cento no rendimento no bloco do MIP, em comparação com o bloco do método convencional das respectivas variedades. Os retornos monetários brutos foram da ordem de Rs.42900/- e Rs.38940/- por hectare no caso do bloco IPM, em comparação com Rs.31920/- e Rs.27960/- no método convencional de controlo de pragas nas variedades Vihar e Digvijay, respetivamente. Os retornos monetários líquidos foram de Rs.39562/- e Rs.35299/- no bloco IPM contra Rs.29284/- e Rs.25187/- no bloco convencional nas respectivas variedades. Assim, houve um benefício líquido de Rs.10278/- e Rs.10112/- nas variedades Vihar e Digvijay de grama devido à adoção de estratégias de IPM. No entanto, houve um aumento insignificante na relação C:B no MIP em comparação com o método convencional, levando em consideração os insumos fitossanitários apenas devido às despesas adicionais no bloco do MIP.

Kambrekar *et al.* (2012) referiram que a aplicação de benzoato de emamectina 5% SG @ 13 g a.i/ha resultou numa redução máxima das larvas, em menores danos nas vagens e num maior rendimento de grão do grão-de-bico, seguido do mesmo inseticida @ 11 g a.i/ha, sem quaisquer efeitos adversos das diferentes dosagens nos três inimigos naturais e sem efeitos fitotóxicos na cultura do grão-de-bico. Além disso, o Indoxacarb 14,5% SC @ 75 g a.i/ha registou uma redução máxima das larvas, menores danos nas vagens e maior rendimento de grão de bico, seguido do Indoxacarb 14,5% SC @ 50 g a.i/ha.

Singh e Kumar (2012) relataram o módulo M5 (armadilhas de feromonas @ 20/ha, poleiro de aves @ 40/ha, clorantriniliprole @ 0,15 lit/ha e pulverização de água) seguido de M4 (armadilhas de feromonas @ 20/ha, poleiro de aves @ 40/ha, benzoato de emamectina 5 SG @ 0.15 kg/ha e *HaNPV@400* LE/ha+Teepol+açúcar) e M3 (armadilhas com feromonas @ 20/ha, poleiro de aves @ 40/ha, flubendiamida 39,35 SC 0,08 lit/ha e *HaNPV@400* LE/ha+Teepol+açúcar) foram eficazes na redução da população de *H. armigera*. O rendimento mais elevado (1592 kg/ha em 2009 e 1607 kg/ha em 2010) foi obtido em M5 seguido de M4 (1545 kg/ha em 2009 e 1558 kg/ha em 2010) em comparação com o controlo e outros módulos, incluindo a prática do agricultor. O rácio B:C mais elevado foi obtido no módulo M5 (1:3,47) seguido do M3 (1:3,35), M4 (1:3,18), M1 (1:2,52), M2 (1:2,28) e M6 - prática do agricultor (1:1,89) e a tendência foi quase semelhante no ano seguinte. O módulo M5 revelou-se superior aos outros módulos no que respeita à gestão da infestação de pragas e ao rácio B: C.

CAPÍTULO- III MATERIAIS E MÉTODOS

As investigações sobre "Estudos sobre a abundância sazonal, a biologia, os inimigos naturais e a avaliação dos módulos de gestão integrada contra *Helicoverpa armigera* (Hubner) na cultura do grão-de-bico" foram efectuadas na Student Research Farm, Nawabganj, bem como no laboratório do Departamento de Entomologia da C. S. Azad University of Agriculture and Technology, Kanpur, durante o *Rabi* de 2011-12 e 2012-13. Os pormenores sobre a situação e a preparação dos campos experimentais, bem como sobre o cultivo da variedade selecionada para a realização da investigação, são sistematicamente apresentados aqui.

3.1 Situação geográfica

Geograficamente, Kanpur está situada na zona aluvial subtropical das planícies centrais do rio Ganga-Yamuna, a 26°26' de latitude norte e 80°24' de longitude leste, a uma altitude de 125,9 metros acima do nível do mar. A precipitação média anual é de cerca de 800 mm nesta zona.

3.2 Plano experimental e layouts

3.2.1 Abundância sazonal

A experiência foi realizada na Student Research Farm, C. S. Azad University of Agriculture and Technology, Kanpur, durante o Rabi 2011-12 e 2012-13. A cultura foi cultivada em parcelas de 4×3 m^2, replicadas três vezes. Todas as práticas agronómicas recomendadas foram seguidas para obter uma boa colheita.

3.2.2 Determinar o coeficiente de correlação

Para determinar o coeficiente de correlação entre a população larvar e os factores abióticos, os dados meteorológicos foram obtidos no observatório do Departamento de Agronomia da universidade para determinar o seu impacto na infestação das pragas.

3.2.3 Biologia da broca da vagem, *Helicoverpa armigera*

Para testar a biologia de *H. armigera,* a criação foi efectuada numa sala controlada do Departamento de Entomologia, a uma temperatura constante de 27 °C + 1 °C e 70 + 5% de humidade relativa, seguindo a técnica de Paul (1998). Foi desenvolvida uma cultura pura de *H. armigera* através da recolha de larvas de *H. armigera* do campo e da sua criação em laboratório para obter uma emergência suficiente de adultos, que foram mantidos em frascos de vidro de 20 x 15 cm e aos quais foi oferecida uma solução de glucose a 10% num cotonete como alimento. Foram mantidos papéis dobrados no frasco para servirem de substrato para o repouso e os períodos de ovo, larva, pupa e adulto.

3.2.4 Avaliação dos módulos IPM

A avaliação dos módulos IPM contra *H. armigera* no grão-de-bico em condições de campo foi efectuada durante dois anos consecutivos, ou seja, 2011-12 e 2012-13. As experiências foram conduzidas em blocos aleatórios em ambos os anos. O tamanho da parcela foi mantido em 4 x 3 m^2 e replicado três vezes na variedade de grão-de-bico *Udai* (KPG-59), semeada em 25 de outubro e 20 de outubro no respetivo ano. Todos os módulos que consistiam em várias combinações de culturas intercalares, recolha e destruição de larvas de *H. armigera*, HaNPV, formulação Bt, N.S.K.E@5 % e Indoxacarb 14.5 SC foram aplicados a intervalos quinzenais à noite para aumentar a sua bioeficácia. As observações sobre a intensidade e a infestação da praga foram registadas de acordo com as técnicas adoptadas em experiências anteriores em diferentes intervalos após o tratamento para determinar a sua bioeficácia.

3.3 Práticas agronómicas-

3.3.1 Preparação do terreno

Antes da sementeira, os campos experimentais foram bem preparados através de uma lavoura com pratos de revolvimento do solo, seguida de duas lavouras com cultivador e nivelados por prancha.

3.3.2 Seleção da variedade

A variedade comercial recomendada de grão-de-bico KPG-59 (Udai) foi selecionada para a realização das experiências sobre os vários aspectos investigados. A sua maturidade variava entre 125-140 dias em diferentes zonas de planície da U.P. Foi lançado no ano de 1992, com um rendimento médio de 20-22 q/ha e um peso de teste de 195 *g*.

3.3.3 Semeadura de grão-de-bico

As sementes de grão-de-bico da variedade Udai, obtidas no Indian Institute of Pulses Research, Kanpur, foram semeadas em 25 de outubro e 20 de outubro do respetivo ano. A cultura foi mantida por boas práticas agrícolas.

3.3.4 Aplicação de fertilizantes

A cultura foi cultivada sob as doses recomendadas de fertilizantes N:P:K, *ou* seja, 20:40:40 kg/ha, respetivamente. A dose completa de fertilizantes azotados, fosfatados e potássicos foi aplicada no momento da sementeira.

3.3.5 Irrigação

Os campos experimentais foram mantidos húmidos através da irrigação necessária para manter o crescimento adequado das culturas, de acordo com as necessidades.

3.3.6 Ação cultural

Os campos foram mantidos livres de ervas daninhas por *khurpies* e enxadas manuais para aumentar o arejamento do solo e conservar a humidade no campo.

3.3.7 Aplicação de insecticidas/biopesticidas

A concentração de inseticida foi preparada imediatamente antes da pulverização na quantidade de água necessária para cada planta, enquanto a deriva da pulverização para as parcelas laterais foi verificada utilizando uma folha de polietileno de um metro de largura para a separação com o apoio de paus de bambus à volta da parcela em tratamento e a pulverização/aplicação de insecticidas/biopesticidas foi feita especialmente durante a noite para reduzir a deriva e aumentar a eficácia dos tratamentos.

3.3.8 Recolha de observações meteorológicas

Os dados meteorológicos dos períodos experimentais foram obtidos no observatório do Departamento de Agronomia da universidade para determinar o seu impacto na infestação de pragas.

Quadro-1: Condições meteorológicas durante o período experimental na estação Rabi 2011-12.

Mês/S. W.	Máximo Temp. (^{0}C)	Mínimo Temp. (^{0}C)	Humidade relativa (%)	Precipitação (mm)
outubro 42	33.7	15.8	58.3	0.00
43	32.4	15.5	64.0	0.00
44	31.5	12.9	45.5	0.00
novembro 45	30.5	13.9	74.0	0.00
46	29.7	13.5	69.5	0.00
47	26.8	13.5	76.0	0.00
48	26.0	10.4	67.0	0.00
dezembro 49	27.2	11.5	70.6	0.00
50	22.7	7.1	66.9	0.00
51	18.1	4.1	77.4	0.00
52	22.5	4.1	72.1	0.00
1 de janeiro	18.1	11.1	57.6	0.00
2	18.0	7.3	78.4	0.00
3	19.3	7.5	75.1	0.00
4	21.9	5.8	75.3	0.00
5 de fevereiro	20.4	5.6	71.7	0.00
6	21.3	8.3	68.0	10.8
7	23.8	8.8	65.2	0.00
8	28.7	11.4	66.4	0.00
março9	27.5	10.3	61.5	0.00
10	28.4	11.5	53.9	0.00

11	29.0	12.5	57.7	0.00
12	31.4	15.9	48.0	0.00
abril 13	35.6	16.9	50.2	0.00
14	36.0	19.7	55.1	1.6
15	35.8	18.3	63.4	1.6

Quadro-2: Condições meteorológicas durante o período experimental na estação Rabi 2012-13

Mês/S. W.	**Máximo Temp. (^{0}C)**	**Mínimo Temp. (^{0}C)**	**Humidade relativa (%)**	**Precipitação (mm)**
outubro 42	33.3	17.0	64.5	0.00
43	30.3	14.3	62.0	0.00
44	30.3	11.9	64.0	0.00
novembro 45	29.9	12.1	60.5	0.00
46	28.1	10.9	67.5	0.00
47	27.0	9.1	69.6	0.00
48	26.1	8.3	62.5	0.00
dezembro 49	26.5	8.5	56.2	0.00
50	25.9	9.7	74.1	0.00
51	20.2	7.9	73.7	0.00
52	14.7	4.2	85.1	0.00
janeiro 1	13.9	3.5	80.1	0.00
2	19.6	3.3	69.9	0.00
3	22.8	9.7	81.1	0.00
4	18.7	5.6	63.1	0.00
fevereiro 5	22.8	5.7	75.4	0.00
6	22.2	10.7	68.8	10.8
7	22.0	8.4	79.6	0.00
8	23.6	10.5	80.9	74.8
março 9	25.9	9.8	73.6	39.0
10	29.3	12.2	66.3	0.00
11	30.7	12.5	63.6	0.00
12	33.2	14.7	62.5	1.90
abril 13	34.8	16.7	62.0	0.00
14	39.0	17.6	61.5	0.00

3.4 Observação e análise estatística

As observações sobre a broca da vagem da grama, *Helicoverpa armigera*, foram registadas de forma sistemática e regular em vários aspectos, desde a germinação até à fase de colheita da cultura, tanto em condições de campo como em condições de laboratório. Os processos de observação dos dados são apresentados a seguir, por objetivo:

3.4.1 Abundância sazonal

Para determinar as flutuações populacionais da broca das vagens, *Helicoverpa armigera*, no grão-de-bico, a população de larvas foi registada numa linha linear de um metro (10 plantas) de grão-de-bico (KPG-59) em quatro aleatórios colocados a intervalos semanais em parcelas não tratadas. A população de larvas foi registada a intervalos semanais, começando quinze dias após a germinação e continuando até à maturidade da cultura antes da colheita, enquanto a infestação nas vagens foi calculada com base nas vagens infestadas do total de vagens de dez plantas recolhidas aleatoriamente, desde o início da formação das vagens durante fevereiro até à fase de colheita da cultura em ambos os anos.

3.4.2 Estudos de correlação:

A correlação entre as populações de machos adultos de *H. armigera* apanhados nas armadilhas com feromonas e os parâmetros meteorológicos, *nomeadamente* a temperatura mínima, a temperatura máxima, a humidade relativa (HR) e a precipitação, foi calculada utilizando a seguinte fórmula

$$r = \frac{\sum dn.dY}{\sqrt[N^n]{\frac{\sum d^2xi}{N} X \frac{\sum d^2Y}{N}}}$$

Onde,

r =Coeficiente de correlação

y = População

xi =Parâmetro meteorológico

N =Número de observações

Σ = Somatório

Transformação da raiz quadrada = $\sqrt{x+0.05}$

Onde,

X = População.

Da mesma forma, a correlação entre as populações de larvas foi registada em intervalos semanais e os parâmetros meteorológicos, *nomeadamente* as temperaturas mínimas e máximas e a humidade relativa, também foi calculada utilizando a fórmula acima referida.

1.1.3 Inimigos naturais associados a *H. armigera*:

A parasitagem das larvas foi observada nas parcelas de controlo, as larvas de dez instares I e II foram recolhidas aleatoriamente e a parasitagem foi observada em laboratório com um intervalo semanal. Estudos sobre inimigos naturais associados à *H armigera* foram realizados nas fases de larva e pupa da praga.

Larva:

As larvas de *H. armigera* foram recolhidas em intervalos semanais, desde a terceira semana de novembro de 2011 (46th SW) até à segunda semana de abril de 2012 e desde a segunda semana de novembro de 2012 (46th SW) até à segunda semana de abril de 2013, em campos de grão-de-bico situados na Students Research Farm, C. S. Azad University of Agriculture and Technology, Kanpur. As larvas recolhidas em cada semana foram mantidas individualmente em frascos de plástico com 45 x 25 mm^2 no laboratório do Departamento de Entomologia, à temperatura ambiente, para serem criadas até à fase adulta. Foram mantidos registos do número de larvas recolhidas em cada semana. Estas larvas receberam diariamente, de manhã, ramos frescos de grão-de-bico, mantidos em frascos limpos e secos. As observações sobre a muda e a morte das larvas, o aparecimento de parasitóides imaturos/adultos, a pupação, a morte na fase de pupa e o aparecimento de traças adultas também foram registados diariamente de manhã. Os inimigos naturais que emergiram destas larvas foram mortos, preservados e identificados.

Pupa:

A fim de estudar os inimigos naturais associados a esta fase da *H. armigera*, foram recolhidas pupas três vezes, na terceira semana de novembro de 2011 (46th SW) à primeira semana de abril de 2012 (SW) e na terceira semana de novembro de 2012 (46th SW) à segunda semana de abril de 2013 (SW), escavando uma área até 10 cm de profundidade em 5 campos de grão-de-bico. Estas pupas foram trazidas e mantidas em gaiolas de criação de insectos com 20x20 cm^3, cujo fundo tinha 5 cm de espessura de solo arenoso. Estas gaiolas foram mantidas à temperatura ambiente no laboratório. As observações do aparecimento de adultos de parasitóides *de H. armigera* foram registadas diariamente de manhã.

Os dados assim registados sobre as larvas e as pupas foram tabulados e a percentagem de parasitismo foi calculada utilizando a seguinte fórmula

$$\text{Parasitization\%} = \frac{\text{No. of parasitoids emerged}}{\text{No. of Larvae/pupae reared}} \text{ X } 100$$

1.1.4 Biologia da broca da vagem, *H. Armigera*

Ovos

Os ovos são subesféricos com uma base achatada. São branco-amarelados e brilhantes no início, que mudam para castanho-escuro antes da eclosão. Os ovos têm forma de romã, com 0,4 a 0,6 mm de diâmetro. A zona apical que rodeia a micropila é lisa e o resto da superfície é esculpida com cerca de 24 nervuras longitudinais, com numerosas cristas transversais. Os ovos acabados de pôr são esbranquiçados ou branco-creme, que desenvolvem uma banda central castanha-avermelhada à medida que o embrião se desenvolve. Esta escurece gradualmente, juntamente com o resto do ovo, que se torna castanho antes da eclosão (placas I e II).

Larva

As larvas recém-emergidas são translúcidas, branco-amareladas, com ténues linhas longitudinais mais escuras. A cabeça cápsula é castanha a preta. Os escudos torácico e anal, as patas torácicas, as cerdas e as bases dos tubérculos e os espiráculos são também castanhos a pretos, dando à larva um aspeto manchado. As prolegas estão presentes no terceiro, sexto e décimo segmentos abdominais. A larva de segundo ínstar é semelhante à larva de primeiro ínstar, com um ligeiro escurecimento da cor e algum clareamento da cápsula da cabeça esclerotizada, dos escudos torácico e anal e das pernas torácicas. A larva de terceiro instar é caracterizada por duas cores, com um fundo verde ou castanho-avermelhado, com uma cápsula da cabeça de cor castanho-esverdeada ou creme a castanha. A larva adulta tem cerca de 25 a 42 mm de comprimento e o tegumento tem um aspeto granuloso caraterístico, constituído por tubérculos minúsculos bem definidos. O número de instares larvares varia de cinco a sete, embora sejam comuns seis instares. Hardwick (1965) verificou que 30 por cento das larvas amadureciam em 5 instares, 69 por cento em 6 instares e 1 por cento em 7 instares (placas I e II).

Pupa

As pupas têm 14 a 22 mm de comprimento e 4,5 a 6,5 mm de largura no tórax. As pupas são castanhas-mogno, de superfície lisa e arredondadas tanto na extremidade anterior como na posterior, com dois espinhos paralelos na extremidade posterior. A distância entre as bases destes espinhos pode ser utilizada como critério de identificação da *H. armigera* (> 0,22 mm). As pupas fêmeas são geralmente mais pesadas do que as pupas macho. Os espiráculos sobressaem nitidamente acima, e as bases estão ao mesmo nível que a superfície geral da cutícula da pupa. O prolongamento apical do segmento a é muito curto e recortado entre as bases dos dois espinhos cremastrais. Na base, os espinhos cremastrais estão separados por um espaço de aproximadamente duas vezes o seu diâmetro.

Adulto

Os adultos são mariposas de corpo robusto, com uma envergadura de 35 a 40 mm e um comprimento de corpo de 18 a 19 mm. A cor geral varia entre o amarelo esverdeado baço, o cinzento-azeitona e as marcas castanhas claras a pretas nas asas. Os machos são geralmente mais pálidos e as asas anteriores geralmente tingidas de verde. As fêmeas são mais escuras e as asas anteriores não têm uma tonalidade verde. Os machos *da H. armigera* são uniformemente creme pálido, tendo-se verificado que a coloração pálida está associada a temperaturas elevadas durante o desenvolvimento da pupa. As asas anteriores têm uma linha de sete a oito manchas negras na margem e uma banda castanha transversal larga e irregular. As asas posteriores são de cor palha clara, com um bordo largo castanho-escuro que contém uma mancha pálida. Têm as margens amareladas e as veias fortemente marcadas e uma marca escura em forma de vírgula no meio. A cabeça e a parte superior do tórax são de cor cinzento-azeitona a castanho ou lustroso, mais pálidas posteriormente (placas III e IV).

Criação de *H. armigera*

A cultura de *H. armigera* foi mantida para testar a compatibilidade dos biopesticidas através da sua criação em sala controlada do Departamento de Entomologia à temperatura constante de 27°C + 1°C e 70 + 5% de humidade relativa, seguindo a técnica de (Paul, 1998). Foi desenvolvida uma cultura pura de *H. armigera* através da recolha de larvas de *H. armigera* do campo e da sua criação em laboratório para obter uma emergência suficiente de adultos, que foram mantidos em frascos de vidro de 20 x 15 cm e aos quais foi oferecida uma solução de glucose a 10% num cotonete como alimento. Foram mantidos papéis dobrados no frasco para servirem de substrato para o repouso e a postura dos ovos.

Os ovos acabados de pôr foram colocados individualmente num pano de marcação. Estes ovos, bem como as pupas, foram tratados juntamente com o pano com uma solução de hipoclorito de sódio para evitar a infeção viral na cultura. As larvas, quando eclodiram, foram transferidas para um frasco de vidro (10 x 2,5 cm) contendo aproximadamente 10 g de dieta artificial. Foram alimentadas com a dieta artificial, que continha farinha de grão-de-bico (100 g), ágar-ágar (12,8 g), levedura (30,0 g), metil-para-hidroxibenzoato (2,0 g), ácido sórbico (1,0 g), ácido ascórbico (3,2 g), mistura salina Wesson (7,2 g), sulfato de estreptomicina (40 g), suplemento vitamínico (2.0 ml), cloreto de colina (10% 7,2 ml), formaldeído (40% 1,0 ml, carbendazina (0,500 g), água (720 ml) e coberto com um pano preto ao atingir o segundo instar (1,5 a 2 cm de comprimento) as larvas foram transferidas para frascos individuais (7,5 x 2,5 cm) para evitar o canabolismo. Assim que a pupação teve lugar dentro dos frascos, estes foram separados 2-3 dias após a pupação para evitar danos.

1.1.5 Avaliação dos módulos IPM

A avaliação dos módulos IPM contra *H. armigera* no grão-de-bico em condições de campo foi feita durante dois anos consecutivos, ou seja, 2011-12 e 2012-13. As experiências foram conduzidas em blocos aleatórios com 10 tratamentos e 3 repetições em ambos os anos. Todos os módulos que consistem em várias combinações de Intercropping, Recolha e destruição de larvas de *H. armigera*,

HaNPV, formulação Bt, N.S.K.E@5 % e Indoxacarb 14.5 SC foram aplicados quinzenalmente nas horas da noite para aumentar a sua bio-eficácia. As observações sobre a intensidade e a infestação da praga foram registadas de acordo com as técnicas adoptadas em experiências anteriores em diferentes intervalos após o tratamento para determinar a sua bioeficácia.

Quadro 3: Módulos de gestão integrada das pragas constituídos por várias combinações

N.º de tratamento	Tratamentos
1.	Culturas intercalares - Recolha e destruição de larvas - N.S.K.E@5 %
2.	Culturas intercalares - Recolha e destruição de larvas - N.P.V. 250-500 LE/ha^{-1}
3.	Colheita e destruição de larvas - B.t.@1.lit./hec.
4.	Culturas intercalares-Colheita e destruição de larvas-Indoxacarb 14,5 Ec (250 gm/hec.)
5.	Cultura intercalar - N.S.K.E. @5%
6.	Intercropping-N.P.V. @ 250-500 LE/hec.
7.	Culturas intercalares - Bt.@1.0let./hec.
8.	Interculturas - Indoxacarb 14,5 Ec (250 gm/hec.)
9.	Indoxacarbe 14,5 Ec
10.	Controlo

Culturas intercalares de grão-de-bico: sementes de linhaça (3:1)

As operações culturais foram seguidas de acordo com o pacote de práticas recomendadas, foram efectuadas duas aplicações de tratamento, uma na fase de floração a 50% e outra aos 30 dias após a primeira aplicação. Na altura da maturidade, foram selecionadas aleatoriamente 10 plantas de cada parcela. Foi contado o número total de vagens e de vagens danificadas pela broca. Os dados de rendimento de cada parcela foram recolhidos e calculados com base no hectare.

A contagem das larvas antes do tratamento foi efectuada um dia antes da pulverização, enquanto que as contagens após o tratamento foram feitas semanalmente. A percentagem de redução da população de larvas foi calculada com base no número de larvas registadas nas parcelas tratadas e nas parcelas de controlo. Os dados foram analisados estatisticamente após transformação angular. As contagens pós-tratamento das larvas *de Helicoverpa* foram registadas 3, 7 e 10 dias após a pulverização. A percentagem de mortalidade das larvas e os dados sobre as vagens infestadas para os tratamentos individuais também foram registados utilizando a seguinte fórmula:

$$\text{Per cent infested pod} = \frac{\text{Number of infested pods}}{\text{total number of pods}} \times 100$$

$$\text{Per cent reduction population} = \frac{\text{Control} - \text{Treatment}}{\text{Control}} \text{ X } 100$$

O rendimento do grão por parcela foi convertido em rendimento por hectare antes da análise estatística, tendo sido também calculada a economia dos diferentes tratamentos.

3.5 Rácio benefício/custo

O rendimento de grãos para diferentes tratamentos foi registado para medir o efeito de tratamentos individuais no rendimento. O rácio custo/benefício foi calculado com base no ganho de rendimento líquido obtido com o rendimento adicional em relação ao controlo.

$$\text{Cost : benefit ratio} = \frac{\text{Net monetary return}}{\text{Cost due to treatments}}$$

3.6 Análise estatística

O efeito significativo dos vários tratamentos foi confundido com a ajuda do valor 'F', as diferenças significativas entre as médias de dois tratamentos foram calculadas com a ajuda da diferença crítica.

CAPÍTULO-IV RESULTADOS EXPERIMENTAIS

Os resultados das experiências sobre "Estudos sobre a abundância sazonal, a biologia, os inimigos naturais e a avaliação dos módulos de gestão integrada contra *Helicoverpa armigera* (Hubner) na cultura do grão-de-bico" foram realizados na Student Research Farm, Nawabganj, bem como no laboratório do Departamento de Entomologia da C. S. Azad University of Agriculture and Technology, Kanpur, durante as estações de *Rabi*, 2011-12 e 2012-13, e são apresentados e discutidos à luz da literatura existente, sob o título adequado.

A. Abundância sazonal de *H. armigera* no grão-de-bico

A população larvar da broca da vagem da grama, *Helicoverpa armigera* Hubner, foi registada a intervalos semanais, começando quinze dias após a germinação e continuando até à maturidade da cultura, antes da colheita, na cultura de grão-de-bico na Student Research Farm, Departamento de Entomologia de Nawabganj, durante a estação *Rabi* 2011-12 e 2012-13.

Intensidade da broca da vagem, *H. armigera*

A ocorrência da broca da vagem da grama começou a partir da 2ª semana de novembro (47^{a} SW) com 0,17 larvas/planta a 26,8 ^{0}C de temperatura máxima e 13,5 ^{0}C de temperatura mínima, 76,0 por cento de humidade e continuou até à fase de colheita da cultura (1ª semana de abril). Foi mais grave na primeira semana de março (9^{a} SW) quando a intensidade da broca das vagens foi de 2,07 larvas/planta a 27,5 ^{0}C de temperatura máxima, 10,3 ^{0}C de temperatura mínima e 61,0 por cento de humidade. Houve um declínio contínuo na sua intensidade no início da fase de frutificação durante a ^{primeira} semana de abril, com uma intensidade de 0,33 larvas/planta a 35,6 ^{0}C de temperatura máxima, 16,9 ^{0}C de temperatura mínima e 50,2 por cento de humidade durante a Rabi 2011-12 (Quadro 4).

A população de larvas da broca da vagem, *Helicoverpa armigera* Hubner, começou na primeira semana de novembro (46 th SW) com 0,01 larvas/planta a 28,1 ^{0} C de temperatura máxima e 10,9 ^{0} C de temperatura mínima, 67,5 por cento de humidade e continuou até à fase de colheita da cultura (2 nd semana de abril). O pico foi atingido na terceira semana de março (11^{a} SW) quando a intensidade da broca da vagem era de 1,40 larvas/planta a 30,7 ^{0}C de temperatura máxima, 12,5 ^{0}C de temperatura mínima e 63,6 por cento de humidade. Houve um declínio contínuo na sua intensidade com o início da fase de frutificação durante a 2ª semana de abril com uma intensidade de 0,43 larvas/planta a 39,0 ^{0}C de temperatura máxima, 17,6 ^{0}C de temperatura mínima e 61,5 por cento de humidade durante a Rabi 2012-13 (Quadro-6).

Taxa de multiplicação da intensidade larvar

É evidente na Tabela 4 que a taxa de multiplicação da praga foi iniciada a partir da 47^{a} SW e continua até a 1ª semana de dezembro, então a taxa de declínio da multiplicação e da população da praga foi escapada durante a segunda e terceira semanas padrão. A taxa de multiplicação atingiu um máximo de 0,13 larvas/dia durante a 8.ª semana padrão a 28,7 ^{0}C de temperatura máxima, 11,4 ^{0}C de temperatura mínima e 66,4 por cento de humidade e diminuiu subsequentemente na primeira semana de abril em 2011-12 a 35,6 ^{0}C de temperatura máxima, 16,9 ^{0}C de temperatura mínima e 50,2 por cento de humidade durante o primeiro ano.

É evidente na Tabela 6 que a taxa de multiplicação da praga foi iniciada a partir da 46ª SW e continua até a 1ª semana de dezembro, então a taxa de declínio da multiplicação e da população da praga foi escapada durante a terceira e a quarta semana padrão. A taxa de multiplicação atingiu um máximo de 0,07 larvas/dia durante a 49.ª semana padrão a 26,5 ^{0}C de temperatura máxima, 8,5 ^{0}C de temperatura mínima e 56,2 por cento de humidade e diminuiu subsequentemente na segunda semana de abril em 2012-13 a 39,0 ^{0}C de temperatura máxima, 17,6 ^{0}C de temperatura mínima e 61,5 por cento de humidade durante o segundo ano.

Infestação de vagens por *H. armigera*

A infestação da praga começou na vagem durante a primeira semana de fevereiro na 7ª semana padrão até à primeira semana de abril em 2011-12. Começou com 3,52 por cento na primeira semana de fevereiro a 20,4 ^{0}C de temperatura máxima, 5,6 ^{0}C de temperatura mínima e 71,7 por cento de humidade e atingiu 29,27 por cento na primeira semana de março (a 27,5 ^{0}C de temperatura máxima, 10,3 ^{0}C de temperatura mínima e 61,5 por cento de humidade.

Depois, a infestação de vagens diminuiu ainda mais até à fase de colheita da cultura, com 6,23% de infestação de vagens (Quadro 4).

A infestação da praga foi iniciada na vagem durante a primeira semana de fevereiro na 6ª semana padrão até à segunda semana de abril durante 2012-13. Começou com 3,40 por cento na primeira semana de fevereiro a 22,2 ^{0}C de temperatura máxima, 10,7 ^{0}C de temperatura mínima e 68,8 por cento de humidade, precipitação de 10,8 mm e atingiu 29,27 por cento na última semana de março (a 30,7 ^{0}C de temperatura máxima, 12,5 ^{0}C de temperatura mínima e 63,6 por cento de humidade. Em seguida, a infestação de vagens diminuiu ainda mais até a fase de colheita da cultura, com 4,79% de infestação de vagens (Tabela 6).

Taxa de multiplicação da infestação das vagens

É evidente, no Quadro 4, que a taxa de multiplicação da infestação de vagens começou a partir da 5ª semana de verão e continuou até à 1ª semana de abril (13ª semana de verão), tendo depois diminuído ainda mais até à fase de colheita da cultura. A taxa de multiplicação atingiu um máximo de 0,39 por cento de infestação de vagens/dia durante a 7.ª semana padrão a 23,8 ^{0}C de temperatura máxima, 8,8

^{0}C de temperatura mínima e 65,2 por cento de humidade e diminuiu subsequentemente na primeira semana de abril de 2011-12 a 35,6 ^{0}C de temperatura máxima, 16,9 ^{0}C de temperatura mínima e 50,2 por cento de humidade.

A Tabela 6 mostra que a taxa de multiplicação da infestação de vagens começou a partir de 6 th SW e continua até a segunda semana de abril (14 th SW), depois declina ainda mais a taxa de multiplicação até fase de colheita da cultura. A taxa de multiplicação atingiu um máximo de 0,69 por cento de infestação de vagens/dia durante a ^{7a} semana padrão a 22,0 ^{0}C de temperatura máxima, 8,4 ^{0}C de temperatura mínima e 79,6 por cento de humidade e diminuiu subsequentemente na segunda semana de abril em 2012-13 a 39,0 ^{0}C de temperatura máxima, 17,6 ^{0}C de temperatura mínima e 61,5 por cento de humidade. A taxa de multiplicação da infestação de vagens foi calculada pelo aumento total da população durante uma semana e depois dividida por sete.

B. Coeficiente de correlação

Os dados sobre a incidência sazonal, incluindo a intensidade e a infestação da broca da vagem da grama em diferentes datas, foram correlacionados com a temperatura mínima e máxima prevalecente, a humidade relativa (HR) e a precipitação, com base em coeficientes de correlação simples entre as variáveis. (Quadros 5 e 7)

População larvar

No que diz respeito à correlação entre a população larvar e os factores ambientais, verificou-se um efeito negativo da temperatura máxima e mínima na população larvar da broca da vagem do grão-de-bico e a humidade relativa e a precipitação mostraram um papel positivo na população larvar durante os dois anos (Quadros 5 e 7).

Taxa de multiplicação da população de larvas

A temperatura mínima e a temperatura máxima e a precipitação tiveram um impacto significativamente positivo na taxa de multiplicação da população de larvas na cultura do grão-de-bico e a humidade relativa teve um papel negativo na multiplicação em ambos os anos de experiências (Quadros 5 e 7).

Infestação de vagens

A temperatura mínima e máxima tiveram um papel significativamente negativo na infestação de vagens, enquanto a humidade relativa e a precipitação tiveram um impacto positivo na sua infestação durante a *Rabi* 2011-12 (Quadro 10). Durante 2012-13, a temperatura mínima e a precipitação mostraram um efeito positivo na infestação de vagens e a temperatura máxima e a humidade relativa mostraram um papel negativo na infestação de vagens (Quadros 5 e 7).

Taxa de multiplicação da infestação das vagens

A temperatura mínima e a temperatura máxima e a precipitação mostraram um impacto significativamente positivo na taxa de multiplicação da infestação de vagens na cultura do grão-de-bico e a humidade relativa mostrou um papel negativo na multiplicação em ambos os anos de experiências (Quadros 5 e 7).

C. Biologia de *H. armigera* em condições laboratoriais

Foram efectuados estudos sobre a cor, a forma, o tamanho e os períodos dos ovos, da larva, da pupa e do adulto. Também foram estudados os períodos de pré-oviposição, oviposição e pós-oviposição, a proporção entre os sexos e a longevidade dos adultos .

Ovos

Os ovos acabados de pôr tinham uma forma hemisférica com uma base plana e uma cor branca amarelada, que mudava para amarelo intenso um dia depois e depois mudava para preto escuro ou cinzento um dia antes da eclosão. O comprimento e a largura médios dos ovos foram de 0,51±0,06 mm e 0,47±0,03 mm, respetivamente, em 2011-12. Durante 2012-13, o comprimento médio e a largura do ovo foram de 0,50±0,05 mm e 0,45±0,02 mm, respetivamente, durante 2012-13 (Tabelas 8 e 9). O período médio de incubação foi registado como 4,50 ±0,53 e 5,00 ±0,81 dias nos respectivos anos (Tabelas 10 e 11).

Larva

A larva passou por seis instares. As primeiras larvas recém-emergidas eram translúcidas e de cor branca amarelada com cabeça preta, enquanto a larva de segundo instar era de cor verde amarelada com pernas torácicas pretas. A larva adulta era acastanhada ou verde-pálida, com faixas laterais castanhas e uma faixa dorsal distinta, longa e achatada ventralmente, mas convexa dorsalmente. O comprimento e a largura médios da larva de primeiro, segundo, terceiro, quarto, quinto e sexto instares foram de 1,30±0,09 e 0,42±0,02 mm, 3,25±0,16 e 3,37±0,73 mm, 7,81±0,55 e 2,40±0,20 mm, 10,74±1,87 e 2,76±0,20 mm, 18,93±1,86 e 3,29±0,17 mm, 31.6±0.60e 4,07±.015 mm, nos respectivos dias durante o primeiro ano de 2011-12 (Tabela 2). Durante o segundo ano de 2012-13, o comprimento médiodo primeiro, segundo, terceiro, quarto,quinto e sexto instar foi de 1,29±0,08 mm, 3,18±0,11 mm,7,20±0,54 mm, 10,08±0,71 mm, 19,27±1,62 mm, 31,56±0,73 mm, nos respectivos dias e a largura média da larva de primeiro, segundo, terceiro, quarto, quinto e sexto instar foi de 0,39±0,02 mm, 0,69±0,07 mm, 2,12±0,09 mm, 2,41±0,15 mm, 3,08±0,19 mm e 3,86±0,20 nos respectivos dias (Tabelas-8&9). O período total de desenvolvimento das larvas foi, em média, de 21,30±2,06 e 20,00±1,49 dias (Tabelas 10 e 11).

Pré-pupa

Nesta fase, a larva adulta torna-se lenta, enrugada e suspende a alimentação e os movimentos. O comprimento e a largura médios da fase de pré-pupa foram de 24,05±2,12 mm e 4,48±0,36 mm, respetivamente, durante o primeiro ano e, durante o segundo ano, o comprimento e a largura médios da fase de pré-pupa foram de 24,63±2,00 mm e 4,23±0,47 mm, respetivamente (Quadros 8 e 9). A duração média da fase pré-pupal foi de 1,90±0,87 e 1,90±0,73 dias no ano respetivo (quadros 10 e 11).

Pupa

A pupa recém-formada era de cor verde-clara amarelada, mas mais tarde tornou-se castanha escura antes da emergência da traça. A pupa era do tipo objeto, amplamente arredondada no interior e afunilada posteriormente. O comprimento e a largura médios da pupa foram de 20,02±1,24 mm e 5,61±0,37 mm, durante o primeiro ano e durante o 2nd ano, 20,02±1,42 mm e 5,48±0,37 mm, respetivamente, no caso dos machos, enquanto no caso da fêmea 22,43±1,21 mm e 6,03±0,18 mm, durante o primeiro ano e durante o 2nd ano, 21,33±1,08 mm e 5,85±0,17 mm, respetivamente (Tabelas-8&9). A duração média da fase de pupa foi de 14,29±1,22 e 12,50±1,84 dias nos respectivos anos (Tabelas 10 e 11).

Adulto

A traça adulta era de cor acastanhada, as asas anteriores eram castanhas claras com uma série de pontos nas margens e uma marca preta em forma de rim na parte inferior de cada asa anterior. As asas posteriores eram de cor mais clara com uma mancha escura na extremidade apical. A traça fêmea era ligeiramente maior do que a traça macho e foi identificada pela presença de um tufo de pêlos na ponta do abdómen. O comprimento e a largura médios (com as asas abertas) do macho foram de 18,07±0,82 mm e 34,57±1,84 mm, respetivamente, durante 2011-12 e 17,49±0,64 mm e 33,92±1,62 mm, respetivamente, durante 2012-13. As fêmeas mediram, em média, 20,96±1,23 e 19,53 mm de comprimento e 40,14±1,42 e 40,05 mm de envergadura, respetivamente (com as asas abertas), o que indica que os machos são mais pequenos do que as fêmeas (Tabelas 8 e 9). A duração média da fase adulta dos machos foi de 48,70±5,16 e 46,80±4,37 dias e a das fêmeas foi de 50,00±5,87 e 49,10±5,45 dias no ano respetivo (Tabelas 10 e 11).

Períodos de pré-oviposição, oviposição e pós-oviposição

O número médio de ovos postos por uma fêmea de *H. armigera* foi de 1116,00±316,19 e 992,50±280,31, respetivamente, em ambos os anos. O período médio de pré-oviposição foi de 2,50±0,53 e 3,40±0,52 dias, respetivamente, em ambos os anos. Os períodos médios de oviposição e pós-oviposição foram 4,70±0,83 e 1,40±0,52 dias durante o primeiro ano e durante o segundo ano

5,80±0,92 e 1,50±0,53 dias, respetivamente (Tabelas 3). A percentagem média de eclosão dos ovos foi de 68,35±3,97 e 59,10±4,38 dias, respetivamente, em ambos os anos (Tabelas 11 e 12).

D. Inimigos naturais que afectam a população de *H. armigera*

A parasitagem das larvas foi observada nas parcelas de controlo, as larvas e pupas de instares iniciais e tardios foram recolhidas aleatoriamente e a parasitagem foi observada em laboratório com um intervalo semanal. Estudos sobre inimigos naturais associados à *H armigera* foram realizados nos estágios larval e pupal da praga.

1. Parasitismo larvar

a. Instar inicial (I-III)

Os resultados apresentados nos quadros 14 e 15 revelaram que as larvas de *Helicoverpa armigera* de instar inicial (I-III) foram observadas na cultura desde a 47ª semana padrão (SW) até à 13ª SW durante a *Rabi* 2011-12. Estas gaiolas foram mantidas à temperatura ambiente no laboratório. As observações sobre o aparecimento de adultos de parasitóides foram registadas diariamente de manhã a partir de *H. armigera*.

Mortalidade total

Durante o primeiro ano, a mortalidade larvar total de 33,33 por cento foi mais elevada no 5th SW, entre estes a mortalidade de 16,67 por cento pelo parasitoide *Campoletis chlorideae* e 16,67 por cento foi registada por causa desconhecida e a mortalidade média agrupada foi de 21,03 por cento. Durante o segundo ano de 2012-13, a mortalidade de *H. armigera* foi iniciada de 47 SW a 14 SW. A mortalidade máxima foi registada em 40,00 por cento (dos 40,00 por cento de mortalidade, 20,00 por cento foram causados pelo HaNPV e os restantes 20,00 por cento por *Campoletis chlorideae* no 2nd SW. A mortalidade média combinada de foi registada em 22,78% durante 2012-13 (Quadros 14-15).

Parasitização

Os parasitóides, HaNPV e *Campoletis chlorideae* foram associados a larvas de instar inicial de *H. armigera* na cultura do grão-de-bico. O HaNPV e o *C. chlorideae* foram observados de 48 SW a 13 SW durante o primeiro ano, enquanto que durante o segundo ano o HaNPV foi observado de 48 a 13 SW e *o C. chlorideae* foi registado de 47 a 14 SW. A parasitagem não foi registada durante 1-3 SW em 2011-12 e 4-5 SW durante 2012-13, porque durante estes períodos, a população de larvas de *H. armigera* não foi encontrada em condições de campo (Quadros-14-15).

Por HaNPV

A parasitação por HaNPV foi iniciada em 48 SW com 12,50 por cento de parasitação na fase inicial, mas o máximo foi registado em 51 SW (dezembro) com 14,29 por cento e continuou até à primeira semana de abril e a parasitação média por Ha NPV 6,13 foi notada durante o primeiro ano. A parasitação por HaNPV foi iniciada durante o 2º segundo ano em 48 SW com 12,50 por cento de parasitação na fase inicial, mas o máximo foi registado no 2º segundo SW (janeiro) com 20,00 por cento e continuou até à última semana de março. Registou-se uma parasitagem média por Ha NPV 6,76 (Quadros 14-15).

Por *Campoletis chlorideae*

A parasitagem de larvas de *H. armigera* por *C. chlorideae* na fase inicial variou de 6,67 a 25,00 por cento durante 2011-12. A atividade de parasitismo começou na última semana de novembro com 12,50 por cento de parasitismo e atingiu o máximo na última semana de dezembro (52 SW) 25,00 por cento durante o primeiro ano de 2011-12. No segundo ano, a parasitagem foi de 5,00-25,00 por cento, registada em 212-13. A parasitagem começou a partir da 47ª semana padrão com 33,33 por cento, depois disso a atividade de parasitagem foi mais elevada na 3ª semana de janeiro (3 SW) com 25,00 por cento no segundo ano. O agrupamento da parasitagem por *C. Chlorideae* foi registado em 10,25 por cento e 13,24 por cento nos respectivos anos (Quadros 14-15).

Por causa desconhecida

A mortalidade por causas desconhecidas foi mais elevada em 47 SW (novembro), com 20,00 por cento no primeiro ano e 10,00 por cento no segundo ano em Ist SW (janeiro). A mortalidade conjunta por causas desconhecidas foi de 4,65% no primeiro ano e de 2,78% no segundo ano.

b. Instar tardio (IV-V)

As larvas de instar tardio (IV a V) apareceram no campo de 47 a 13 SW durante o primeiro ano e no segundo ano de 47 a 14 SW. A população de larvas de instar tardio de *H. armigera* foi parasitada pela mosca Tachinid (Tabelas 16-17).

Mortalidade total

A mortalidade total (por cento de parasitação por mosca Tachinid e mortalidade de causa desconhecida) de larvas *de H. armigera* foi iniciada a partir de 47 SW (3ª semana de novembro) com 25,00 por cento de mortalidade durante o primeiro ano e durante o 2º ano 33,33 por cento na mesma semana. A mortalidade máxima foi registada em 51 SW e 52 SW (dezembro) com 33,33 por cento (destes, 16,67 por cento foram observados pela mosca taquinídea e 16,67 por cento por causas desconhecidas) em 2011-12 e 40,00 por cento (de 40,00 por cento, 30,00 por cento foram observados pela mosca taquinídea e 10,00 por cento por causas desconhecidas) em 52 (Dez) SW durante o 2.º ano de 2012-13. No entanto, a mortalidade combinada foi registada em 17,300% no primeiro ano e 18,49% no segundo ano (Tabelas 16-17).

Parasitismo por Tachinídeos

A parasitagem de larvas de instar tardio de *H. armigera* por Tachinid foi iniciada a partir de 47 SW com 25,00 por cento de parasitagem e continuou na primeira semana de abril com 12,50 por cento de parasitagem, mas o valor mais alto de 33,33 por cento foi registado na semana padrão 52 durante o primeiro ano. Durante o 2º segundo ano observou-se o valor mais alto de 33,33% em 52 SW durante o primeiro ano e também se registou 33,33% na 3ª terceira SW (janeiro) e a parasitação continuou até à segunda semana de abril durante o segundo ano. A média de parasitismo devido à mosca taquinídea variou de 6,67 a 33,33 durante os dois anos. A mortalidade combinada por parasitismo da mosca Tachinid foi observada em 12,77% dos 17,30% de mortalidade durante o primeiro ano e 12,58% dos 18,49% de mortalidade foram observados durante o segundo ano. Os outros factores de mortalidade eram desconhecidos. A mortalidade por fator desconhecido teve início em dezembro (49 SW) e março (11 SW) durante o primeiro ano e de 49 SW a 12 SW durante o segundo ano. O máximo de 16,67% em 51 SW em janeiro de 2011-12 e 14,29 em Ist SW foi registado em 2012-13 (Quadros 16-17).

2. Parasitismo pupal

A mortalidade total (parasitação por mosca taquinídea mais mortalidade de causa desconhecida) de pupas *de H. armigera* começou em 47 SW com 33,33 por cento de mortalidade e continuou até 51 SW com 25,00 por cento de parasitação, mas depois desse período até ao 3rd SW não há mortalidade registada porque neste período as pupas de *H. armigera* não foram encontradas no campo experimental, depois a mortalidade do 5th SW começou com 25,00 por cento e continuou até 13 SW com 12,50 por cento de mortalidade durante 2011-12. Durante o segundo ano de 2012-13, a mortalidade das pupas começou com 45 SW e continuou até 2nd SW com uma mortalidade variada de 20,00 a 50,00 por cento, depois 4 SW a 5 SW foi a população de pupas não encontrada no campo experimental. A segunda vez que se registou a mortalidade da população de pupas foi de 6 a 14 SW, com uma variação de 6,67 a 40,00 por cento. A mortalidade máxima da população de pupas de *Helicoverpa armigera* foi registada em 30,00 por cento (20,00 por cento por mosca tachinídea e 10,00 por cento por causa desconhecida) em dezembro (6 ZW) e a mortalidade média foi de 21,31 por cento registada durante o primeiro ano e, durante o segundo ano, 50,00 por cento em janeiro (2 ZW) seguido de 40,00 por cento em fevereiro (8 ZW) e a mortalidade média foi de 20,68 por cento registada (Quadros 18-19).

Parasitismo de pupas por tachinídeos

A parasitagem de pupas *de H. armigera* pela mosca Tachinid foi observada de novembro a março durante os dois anos. O pico de infestação foi registado em 51 SW e 5 SW com 25,00 por cento de mortalidade durante o primeiro ano. Durante o segundo ano, a mortalidade máxima causada pela parasitagem da mosca Tachinid em pupas de *H. armigera* foi observada em janeiro (2 SW) com 50,00 por cento seguido de dezembro (51 SW) com 23,00 por cento de parasitagem. Não se registou qualquer parasitismo nos períodos 1-4 SW e 3-6 SW, respetivamente. A mortalidade média durante o primeiro ano foi de 12,04 por cento e de 13,08 por cento durante o segundo ano (Quadros 18-19).

A mortalidade devida a factores desconhecidos foi registada de 6 SW a 13 SW durante 2011-12 e 50-14 SW em 2012-13. A mortalidade mais elevada devido a fator desconhecido foi registada em 12,00 por cento em 6, 7 e 12 SW e 20,00 por cento em 8 SW, respetivamente, durante o ano de 2011-12 e 2012-13. Foi observada uma mortalidade média de 3,38 e 7,04 nos respectivos anos.

A mortalidade devida à parasitação por pupas da mosca taquinídea foi de cerca de um terço de um quarto durante o primeiro ano e dois e meio de um quarto da mortalidade total foi registada durante o segundo ano, desconhecendo-se outros factores de mortalidade (Quadros 18-19).

E. Eficácia dos módulos IPM contra *H. armigera*

A. Com base na intensidade

(i) Primeiro ano 2011-12

Foram utilizados vários módulos de gestão integrada de pragas (IPM) para gerir a broca da vagem da grama, *Helicoverpa armigera*, no grão-de-bico durante 2011-12 e 2012-13 na quinta de investigação estudantil CSAU&AT, Kanpur. As observações foram registadas após a aplicação de todos os módulos de IPM até à fase de colheita da cultura. O módulo Intercropping (Grão-de-bico 3: Semente de linhaça: 1) - recolha e destruição de larvas de *H. armigera - pulverização* de Indoxacarb 14,5 SC @ 250 g / ha foi considerado mais eficaz após 7 dias de aplicação do módulo IPM com intensidade mínima de pragas 1,67 / planta. O mesmo aconteceu com o cultivo intercalar (Grão-de-bico 3: Semente de linhaça: 1)-Indoxacarb, cultivo intercalar (Grão-de-bico 3: Semente de linhaça: 1)-coleta e destruição de larvas-NSKE @ 5 % e cultivo intercalar (Grão-de-bico 3: Semente de linhaça: 1)-coleta e destruição de larvas-250 LE/lit/ha com intensidade 2,33, 2,67, 3,678 e 4,67 larvas por planta (Tabela-20).

After 14 days also Intercropping(Chickpea 3: Linseed: 1)-collection & destruction-indoxacarb module was found ruminative effect 1 larvae/plant and showed statistically at par with Intercropping (Chickpea 3: Linseed: 1)-Indoxacarb, Intercropping (Chickpea 3: Semente de linhaça: 1)-coleção e destruição-NSKE 5 %, Intercropping (Grão-de-bico 3: Semente de linhaça: 1)-coleção e destruição-250 LE/ha, Intercropping (Grão-de-bico 3: Semente de linhaça: 1)-coleção e destruição-Bt, Intercropping (Grão-de-bico 3: Semente de linhaça: 1)-NSKE 5 % e intensidade 1.67, 1,67, 3,00, 4,00 e 5,33 larvas por cento nos respectivos módulos (Quadro 20).

Os módulos de consorciação (Grão-de-bico 3: Semente de linhaça: 1)-coleção e destruição de larvas-

Indoxacarb 14,5 SC também se revelaram eficazes aos 21 dias com 0,67 larvas/planta e foram estatisticamente iguais aos de consorciação (Grão-de-bico 3: Semente de linhaça: 1)-Indoxacarb (1,00 larva/planta), consorciação (Grão-de-bico 3: Semente de linhaça: 1)-coleção e destruição de larvas-NSKE 5 % (1.33 larva/planta), Intercropping (Grão-de-bico 3: Semente de linhaça: 1)-coleção e destruição-250 LE/ha (1,67 larva/planta), Intercropping (Grão-de-bico 3: Semente de linhaça: 1)-coleção e destruição-Bt (3,00 larva/planta) e Indoxacarb 14,5 SC (3,67 larva/planta) aos 21 dias de aplicação dos módulos IPM (Tabela-20).

Aos 28 dias, também a cultura intercalar (Grão-de-bico 3: Semente de linhaça: 1) - recolha e destruição - módulo de indoxacarbe encontrou um efeito ruminativo de 0.33 larvas/planta e intensidade estatisticamente semelhante encontrada por Intercropping (Chickpea 3: Linseed: 1)-Indoxacarb, Intercropping (Chickpea 3: Linseed: 1)-coleção e destruição-NSKE 5 %, Intercropping (Chickpea 3: Linseed: 1)-coleção e destruição-250 LE/ha, Intercropping (Chickpea 3: Linseed: 1)-coleção e destruição-Bt, Indoxacarb 14.5 SC, Intercropping (Grão-de-bico 3: Semente de linhaça: 1)-NSKE 5 % uma intensidade 0.67, 1.00, 1.33, 2.00, 2.33 e 3.00 por cento de larvas nos respectivos módulos (Tabela-20).

At 35 days similar trend was found by different modules zero pest intensity recorded by Intercropping (Chickpea 3: Linseed: 1)-collection & destruction- indoxacarb and followed by Intercropping (Chickpea 3: Linseed: 1)-Indoxacarb (0.33 larva/planta), Consorciação (Grão-de-bico 3: Semente de linhaça: 1)-coleção e destruição-NSKE 5 % (0,67 larva/planta), Consorciação (Grão-de-bico 3: Semente de linhaça: 1)-coleção e destruição- 250 LE/ha (1,00 larva/planta) (Quadro 20).

O efeito médio (agrupado) de todos os módulos mostrou um melhor efeito em comparação com as parcelas de controlo (Não-IPM). Entre estes módulos, a cultura intercalar (Grão-de-bico 3: Semente de linhaça: 1) - recolha e destruição de larvas - pulverização de indoxacarb foi considerada a mais eficaz, com uma intensidade mínima de larvas de 0,73/planta, e foi estatisticamente igual à cultura intercalar (Grão-de-bico 3: Semente de linhaça: 1) - pulverização de indoxacarb 14.5 SC (1,20 larvas/planta) e Intercropping (Grão-de-bico 3: Semente de linhaça: 1)-coleção e destruição - NSKE @ 5 % (1,47 larvas/planta) seguido de Intercropping (Grão-de-bico 3: Semente de linhaça: 1)-coleção e destruição larvas NPV 250 LE, 2,13 larvas/planta. Os módulos Intercropping-Bt foram os menos encontrados com a maior intensidade de larvas 5,47 larvas/planta (Tabela 20).

(ii) Segundo ano 2012-13

Durante o 2º ano nd de 2012-13, o módulo Intercropping (Chickpea 3: Linseed: 1)- recolha e destruição de larvas de *H. armigera - pulverização* de Indoxacarb 14.5 SC @ 250 gm/ha foi considerado mais eficaz após 7 dias de aplicação do módulo IPM com a menor intensidade de pragas 1.00 larva/planta e estatisticamente a par com o cultivo intercalar (Grão-de-bico 3: Semente de linhaça: 1)-Indoxacarb, cultivo intercalar (Grão-de-bico 3: Semente de linhaça: 1)- recolha e destruição de larvas-NSKE @ 5 %, cultivo intercalar (Grão-de-bico 3: Semente de linhaça: 1)- recolha e destruição de larvas-250 LE/lit/ha e cultivo intercalar - recolha e destruição de larvas-BT 1lit/ha com intensidade 1.33, 2.00, 2.67 e 3.67 larvas por planta (Tabela-21).

Após 14 dias, também o módulo Intercropping (Grão-de-bico 3: Semente de linhaça: 1)-coleção e destruição-indoxacarbe encontrou um efeito ruminativo de 0.67 larvas/planta e foi mostrado estatisticamente paridade com Intercropping (Chickpea 3: Linseed: 1)-Indoxacarb, Intercropping (Chickpea 3: Linseed: 1)-colheita & destruição-NSKE 5 %, Intercropping (Chickpea 3: Sementes de linhaça: 1)-coleção e destruição-250 LE/ha, Cultura intercalar (Grão-de-bico 3: Sementes de linhaça: 1)-coleção e destruição-Bt, Cultura intercalar (Grão-de-bico 3: Sementes de linhaça: 1)-NSKE 5 % e intensidade 1.00, 1,33, 2,33, 3,00 e 3,67 por cento de larvas nos respectivos módulos. (Tabela-21)

Os módulos de consorciação (Grão-de-bico 3: Semente de linhaça: 1)-coleção e destruição de larvas-Indoxacarb 14.5 SC também se revelaram eficazes aos 21 dias com 0.33 larvas/planta e foram estatisticamente iguais aos de consorciação (Grão-de-bico 3: Semente de linhaça: 1)-Indoxacarb (0.67 larvas/planta), consorciação (Grão-de-bico 3: Semente de linhaça: 1)-coleção e destruição de larvas-NSKE 5 % (1.00 larva/planta), Intercropping (Grão-de-bico 3: Semente de linhaça: 1)-coleta e destruição-250 LE/ha (1,33 larva/planta), Intercropping (Grão-de-bico 3: Semente de linhaça: 1)-coleta e destruição-Bt (2,33 larva/planta) e Indoxacarb 14,5 SC (2,67 larva/planta) aos 21 dias de aplicação dos módulos MIP (Tabela-21).

Aos 28 dias, a cultura intercalar (Grão-de-bico 3: Semente de linhaça: 1) - recolha e destruição - módulo de indoxacarbe registou um efeito ruminativo com uma intensidade de 0.33 larvas/planta e uma intensidade estatisticamente semelhante à encontrada por Intercropping (Chickpea 3: Linseed: 1)- Indoxacarb, Intercropping (Chickpea 3: Linseed: 1)-colheita e destruição-NSKE 5 %, Intercropping (Chickpea 3: Linseed: 1)-coleta e destruição-250 LE/ha, Intercropping (Chickpea 3: Linseed: 1)-coleta e destruição-Bt, Indoxacarb 14.5 SC, Intercropping (Grão-de-bico 3: Semente de linhaça: 1)-NSKE 5 % uma intensidade 0.33, 0.67, 1.00, 1.67, 2.00 e 2.33 larvas por cento nos respectivos módulos (Quadro-21).

At 35 days similar trend was found by different modules zero pest intensity recorded by Intercropping (Chickpea 3: Linseed: 1)-collection & destruction- indoxacarb and followed by Intercropping (Chickpea 3: Linseed: 1)-Indoxacarb (0.33 larva/planta), Consorciação (Grão-de-bico 3: Semente de linhaça: 1)-coleção e destruição-NSKE 5 % (0.33 larva/planta), Consorciação (Grão-de-bico 3: Semente de linhaça: 1)-coleção e destruição- 250 LE/ha (0.33 larva/planta) (Tabela-21).

O efeito combinado de todos os módulos mostrou um melhor efeito em comparação com o controlo (Não-IPM). O módulo Intercropping (Grão-de-bico 3: Semente de linhaça: 1)-coleta e destruição de larvas-pulverização de Indoxacarb 14.5 SC @ 250 g/ha foi encontrado efeito remunerador com intensidade mais baixa 0.47 larvas/planta foi estatisticamente a par com Intercropping (Grão-de-bico 3: Semente de linhaça: 1)-Indoxacarb 14.5 SC (0.73 larvas/planta), Intercropping (Grão-de-bico 3: Semente de linhaça: 1)-coleção e destruição de larvas-NSKE @5 %, (1.07 larvas/planta) e Intercropping (Grão-de-bico 3: Semente de linhaça: 1)-coleção e destruição NPV @ 250 LE (1.60 larvas/planta), seguido da cultura intercalar (Grão-de-bico 3: Semente de linhaça: 1) - recolha e destruição de larvas -Bt @ 1 litro/ha (2,33 larvas/planta). A cultura intercalar (Grão-de-bico 3: Semente de linhaça: 1)- Bt @1,0 litro/ha mostrou-se menos eficaz com a maior intensidade de larvas 4,33 larvas/planta (Tabela-21).

B. Infestação de vagens

(i) Primeiro ano 2011-12

A avaliação dos módulos IPM contra a broca da vagem da grama, *Helicoverpa armigera* Hubner no grão-de-bico, foi efectuada durante 2011-12 com base na infestação de vagens. Todos os módulos foram considerados mais eficazes em comparação com o não-IPM entre todos os módulos Intercropping (Chickpea 3: Linseed: 1) - recolha e destruição de larvas - pulverização de indoxacarb 14 SC (10.33 por cento) e Intercropping (Grão-de-bico 3: Semente de linhaça: 1)-coleta e destruição de larvas-NSKE @ 5 % (15,3 por cento) e Intercropping (Grão-de-bico 3: Semente de linhaça: 1)-Bt @ 1,00 litro/ha foi considerado menos eficaz aos 7 dias após a aplicação dos módulos IMP (Tabela-22).

Aos 14 dias também foram registadas tendências semelhantes com os módulos mais eficazes Intercropping (Grão-de-bico 3: Semente de linhaça: 1) - recolha e destruição de larvas - indoxacarb 14,5 SC @ 250 g/ha com 7.02 por cento de infestação de vagens e mostrou paridade estatística com o cultivo intercalar (Grão-de-bico 3: Linhaça: 1) - Indoxacarb 14,5 SG @ 250 g/ha (8,77 por cento de infestação de vagens) seguido pelo cultivo intercalar (Grão-de-bico 3: Linhaça: 1) - coleta e destruição de larvas-NSKE @ 5 % (14 por cento). Os módulos Intercropping (Grão-de-bico 3: Semente de linhaça: 1)-Bt @ 1 lit/ha foram considerados menos eficazes entre todos os módulos IPM com 36,54 por cento de infestação de vagens (Tabela-22).

O módulo "Intercropping (Chickpea 3: Linseed: 1)-collection & destruction of larvae-Indoxacarb 14.5 SC @ 250 g/ha" mostrou-se superior entre todos os módulos com a menor infestação de vagens 5.66 por cento e é um resultado estaticamente semelhante foi encontrado por Intercropping (Grão de Bico 3: Semente de linhaça: 1)-Indoxacarb 14,5 SG @ 250 g/ha com 6,78 por cento de infestação de vagens e Intercropping (Grão de Bico 3: Semente de linhaça: 1)-coleta e destruição de larvas-NSKE @ 5 % (9,26 por cento de infestação de vagens). A cultura intercalar (Grão-de-bico 3: Semente de linhaça: 1)-Bt @ I lit/ha foi considerada menos eficaz e foi igual à cultura intercalar (Grão-de-bico 3:

Semente de linhaça: 1)-NPV @ 250 LE (28,89 por cento) aos 21 dias de aplicação dos módulos IPM (Tabela-22).

Após 28 e 35 dias, o módulo Intercropping-coleta e destruição de larvas-Indoxacarb 14,5 SC @ 250 g/ha mostrou-se superior em todos os módulos, com 1,67 e 0,00 por cento de infestação de vagens nos respectivos dias, e foi igual ao Intercropping- indoxacarb 14,5 SC @ 250 g/ha, com infestação de vagens de 4,08 e 2,60 por cento, respetivamente. O Intercropping-Bt @ 1 lit/ha mostrou um desempenho fraco com a maior infestação de vagens 21,43 e 20,00 por cento de infestação de vagens nos dias respectivos de 28 e 35 (Tabela-22).

O efeito combinado (7,14,21,28 e 35 dias), Os módulos Intercropping (Chickpea 3: Linseed: 1)-collection & destruction of larvae-Indoxacarb foi considerado o efeito mais remunerador com infestação mínima de vagens 4.79 por cento foi estatisticamente a par com o cultivo intercalar (Grão-de-bico 3: Semente de linhaça: 1)-Indoxacarb 14,56 SC @ 250 g/ha (6,43 por cento) infestação de vagens e cultivo intercalar (Grão-de-bico 3: Semente de linhaça: 1)-coleção e destruição de larvas-NSKE @ 0,5 % (10,51 por cento). Seguido pelo cultivo intercalar (Grão-de-bico 3: Semente de linhaça: 1)-coleção e destruição de larvas-NPV 250 LE/ha (14,15 por cento e infestação de vagens) e cultivo intercalar (Grão-de-bico 3: Semente de linhaça: 1)-coleção e destruição de larvas-Bt @ 1 lit/ha (15,67 por cento infestação de vagens). O módulo de consorciação (Grão-de-bico 3: Semente de linhaça: 1)-Bt @ 1 lit/ha foi considerado menos eficaz com a maior informação sobre as vagens 30,05 por cento, sendo estaticamente 25,68 por cento de infestação de vagens em comparação com (Não-IPM) 44,25 por cento (Tabela-22).

(ii) Segundo ano 2012-13

A avaliação dos módulos IPM contra a broca da vagem da grama, *Helicoverpa armigera* Hubner no grão-de-bico foi avaliada durante 2012-13 com base na infestação de vagens. Todos os módulos foram considerados mais eficazes em comparação com o Não-IPM entre todos os módulos Intercropping (Chickpea 3: Linseed: 1) - coleta e destruição de larvas - pulverização de Indoxacarb 14 SC com 7,02 por cento de infestação de vagens e foi a par com Intercropping (Chickpea 3: Linseed: 1) - coleta e destruição de larvas - NSKE @ 5 % (11,33 por cento). O módulo "Intercropping (Chickpea 3: Linseed: 1)-Bt @ 1.00 litro/ha" foi considerado o menos eficaz com a maior infestação de vagens 35.85 e estatisticamente em paridade com o módulo "Intercropping (Chickpea 3: Linseed: 1)-Ha NPV @ 250 LE/ha" aos 7 dias após a aplicação dos módulos IMP (Tabela-23).

Aos 14 dias também foram registadas tendências semelhantes com os módulos mais eficazes Intercropping (Grão-de-bico 3: Semente de linhaça: 1) - recolha e destruição de larvas - indoxacarb 14,5 SC @ 250 g/ha com 5.56 por cento de infestação de vagem e foi mostrado par estatístico com Intercropping (Chickpea 3: Linseed: 1) -Indoxacarb 14.5 SG @ 250 g / ha (7.27 por cento de infestação de vagem) seguido por Intercropping (Chickpea 3: Linseed: 1) - coleta e destruição de larvas-NSKE @ 5 % (11.76 por cento). Os módulos Intercropping (Grão-de-bico 3: Semente de linhaça: 1)-Bt @ 1 lit/ha foram considerados menos eficazes entre todos os módulos IPM com 38,30 por cento de infestação de vagens (Tabela-23).

O módulo "Intercropping (Chickpea 3: Linseed: 1)-collection & destruction of larvae-Indoxacarb 14.5 SC @ 250 g/ha" mostrou-se superior entre todos os módulos com a menor infestação de vagens 4.00 por cento e é um resultado estaticamente semelhante foi encontrado por Intercropping (Chickpea 3: Linseed: 1)-Indoxacarb 14.5 SG @ 250 g/ha com 6,52 por cento de infestação de vagens e Intercropping (Chickpea 3: Linseed: 1)-coleta e destruição de larvas-NSKE @ 5 % (7,27 por cento de infestação de vagens). A cultura intercalar (Grão-de-bico 3: Semente de linhaça: 1)-Bt @ I lit/ha foi considerada menos eficaz e foi igual à cultura intercalar (Grão-de-bico 3: Semente de linhaça: 1)-NPV @ 250 LE (31,11 por cento) aos 21 dias de aplicação dos módulos IPM (Quadro 23).

Após 28 dias, o módulo "Intercropping-collection & destruction of larvae- Indoxacarb 14.5 SC @ 250 g/ha" mostrou-se superior em todos os módulos com 1,89 por cento de infestação de vagens e estatisticamente a par com o módulo "Intercropping (Chickpea 3: Linseed: 1)- Indoxacarb 14.5 SC @ 250 g/ha com infestação de vagens 3,33 e Intercropping (Grão-de-bico 3: Semente de linhaça: 1)-coleção e destruição de larvas-NSKE @ 5 % (6,00 por cento de infestação de vagens). A cultura intercalar (Grão-de-bico 3: Semente de linhaça: 1)-Bt @ 1 lit/ha apresentou um fraco desempenho com a infestação mais elevada de vagens 17,64 por cento de infestação de vagens (Quadro 23).

Aos 35 dias, o módulo "Intercropping-collection & destruction of larvae- Indoxacarb 14.5 SC @ 250 g/ha" foi considerado o mais eficaz em todos os módulos com um nível zero de infestação de vagens por cento e estatisticamente a par com o módulo "Intercropping (Chickpea 3: Linseed: 1)-Indoxacarb 14.5 SC @ 250 g/ha com infestação de vagens de 2,92 por cento e seguido por Intercropping (Grão-de-bico 3: Semente de linhaça: 1) - recolha e destruição de larvas-NSKE @ 5 % (3,92 por cento de infestação de vagens). A cultura intercalar (Grão-de-bico 3: Semente de linhaça: 1)-Bt @ 1 lit/ha apresentou um fraco desempenho com a maior infestação de vagens 16,98 por cento de infestação de vagens (Quadro 23).

O efeito combinado (7,14,21,28 e 35 dias), os módulos Intercropping (Chickpea 3: Linseed: 1)-collection & destruction of larvae-Indoxacarb foi encontrado o efeito mais remunerador com infestação mínima de vagens 3.96 por cento foi estatisticamente a par com o cultivo intercalar (Grão-de-bico 3: Semente de linhaça: 1)-Indoxacarb 14,56 SC @ 250 g/ha (6,43 por cento) infestação de vagens e cultivo intercalar (Grão-de-bico 3: Semente de linhaça: 1)- recolha e destruição de larvas-NSKE @ 0,5 % (6,10 por cento). Seguido pelo cultivo intercalar (Grão-de-bico 3: Semente de linhaça: 1) - recolha e destruição de larvas-NPV 250 LE/ha (8,81 por cento e infestação de vagens) e cultivo intercalar (Grão-de-bico 3: Semente de linhaça: 1) - recolha e destruição de larvas-Bt @ 1 lit/ha (11,46 por cento de infestação de vagens). O módulo de consorciação (Grão-de-bico 3: Semente de linhaça: 1)-Bt @ 1 lit/ha foi considerado menos eficaz com a maior informação sobre vagens 28,00 por cento de infestação de vagens em comparação com (Não-MIP) 44,25 por cento (Tabela-23).

Rendimento do grão-de-bico

Primeiro ano

O módulo de Intercropping (Grão-de-bico 3: Semente de linhaça: 1)-coleção e destruição de larvas-Indoxacarb foi considerado remunerador com o maior rendimento 21.15 q/ha seguido por Intercropping (Grão-de-bico 3: Semente de linhaça: 1)-Indoxacarb 14.5 SC @ 250 g/ha (17.10 q/ha) e Intercropping (Grão-de-bico 3: Semente de linhaça: 1)-coleção e destruição de larvas- NSKE @ 0.5 (17.10 q/ha). O módulo de consorciação (Grão-de-bico 3: Linhaça: 1)-Bt @ 1 lit/ha foi considerado menos eficaz com rendimento mínimo de grão-de-bico 10,70q/ha em comparação com (Não-IPM) 8,90q/ha durante o primeiro ano Rabi 2011-12 (Tabela-24).

Segundo ano

Durante o segundo ano de Rabi 2012-13, a cultura intercalar (Grão-de-bico 3: Semente de linhaça: 1) - recolha e destruição de larvas - Indoxacarb foi considerada mais eficaz com um rendimento máximo de 18.75 q/ha seguido por Intercropping (Grão-de-bico 3: Semente de linhaça: 1) - Indoxacarb 14,5 SC @ 250 g/ha (15,05 q/ha) e Intercropping (Grão-de-bico 3: Semente de linhaça: 1) - coleta e destruição de larvas-NSKE @ 0,5 (14,85 q/ha). O módulo de consorciação (Grão-de-bico 3: Semente de linhaça: 1)-Bt @ 1 lit/ha foi considerado menos eficaz com um rendimento mínimo de grão-de-bico de 8,65 q/ha em comparação com (Não-IPM) 7,75 q/ha (Tabela-25).

Economia dos tratamentos insecticidas

Primeiro ano

É óbvio a partir dos resultados que a aplicação da cultura intercalar (Grão-de-bico 3: Semente de linhaça: 1) - recolha e destruição de larvas - módulo de indoxacarb foi considerada mais económica com o rácio custo-benefício mais elevado 1: 9.86 seguido por Intercropping (Grão-de-bico 3: Semente de linhaça: 1)-Indoxacarb 14.5 SC @ 250 g/ha (1: 8.73) e Intercropping (Grão-de-bico 3: Semente de linhaça: 1)-coleção & destruição de larvas-NSKE @ 0.5 (1: 7.98) (Tabela-24).

Segundo ano

É óbvio a partir dos resultados que a aplicação da cultura intercalar (Grão-de-bico 3: Semente de linhaça: 1) - recolha e destruição de larvas - módulo de indoxacarb foi considerada mais económica com o rácio custo-benefício mais elevado 1: 8.85 seguido por Intercropping (Grão-de-bico 3: Semente de linhaça: 1)-Indoxacarb 14.5 SC @ 250 g/ha (1: 7.77) e Intercropping (Grão-de-bico 3: Semente de linhaça: 1)-coleção e destruição de larvas-NSKE @ 0.5 (1: 6.99) (Tabela-25).

TABELA DE RESULTADOS EXPERIMENTAIS

Quadro 4: População larvar da broca da vagem da grama, *Helicoverpa armigera* Hubner, no grão-de-bico em relação às condições meteorológicas durante a Rabi 2011-12.

Mês/S. W.	População larvar/plantas	Taxa de multiplicação da população larvar dia^{-1} planta^{-1}	Infestação de vagens (%)	Taxa de multiplicação da infestação de vagens dia^{-1}	Temp. máxima (^{0}C)	Temp. mínima (^{0}C)	Humidade relativa (%)	Pluviosidade (mm)
NOV 4	0.00	0.00			29.7	13.5	69.5	0.00
. 6	0.17	0.02			26.8	13.5	76.0	0.00
4 7 4 8	0.37	0.03			26.0	10.4	67.0	0.00
DEZ 4	0.73	0.05			27.2	11.5	70.6	0.00
. 9	0.47	-0.02			22.7	7.1	66.9	0.00
5	0.27	-0.03	-	-	18.1	4.1	77.4	0.00
0 5 1 5 2	0.13	-0.02	-	-	22.5	4.1	72.1	0.00
JAN 1	0.03	-0.01			18.1	11.1	57.6	0.00
2	0.00	0.00			18.0	7.3	78.4	0.00
3	0.00	0.00			19.3	7.5	75.1	0.00
4	0.10	0.01			21.9	5.8	75.3	0.00
5 FEV	0.33	0.03	3.52	0.50	20.4	5.6	71.7	0.00
6	0.63	0.04	4.70	0.12	21.3	8.3	68.0	10.8
7	0.87	0.03	7.40	0.39	23.8	8.8	65.2	0.00
8	1.70	0.13	11.39	0.57	28.7	11.4	66.4	0.00
MA 9 1 0 1 1 1 2	2.07	0.05	29.27	2.55	27.5	10.3	61.5	0.00
	1.70	-0.05	18.95	-1.47	28.4	11.5	53.9	0.00
	0.83	-0.12	14.38	-0.65	29.0	12.5	57.7	0.00
	0.57	-0.04	9.32	-0.72	31.4	15.9	48.0	0.00
1 de abril 3	0.33	-0.03	6.23	-0.44	35.6	16.9	50.2	0.00

Quadro-5: Coeficiente de correlação entre a população larvar da broca da vagem da grama, Helicoverpa armigera, no grão-de-bico e os factores abióticos durante a Rabi 2011-12.

Particular	Temperatura (^0C)		Humidade relativa (%)	Precipitação (mm)
	Mínimo	Máximo		
População larvar	-0.16	-0.23	0.27	0.24
Taxa de multiplicação das larvas	0.45	0.30	-0.56	0.02
Infestação de vagens	-0.09	-0.11	0.34	0.17
Taxa de multiplicação da infestação	0.41	0.20	-0.42	0.03

Quadro 6: População larvar da broca da vagem da grama, *Helicoverpa armigera* Hubn. no grão-de-bico em relação às condições meteorológicas durante a Rabi 2012-13.

Mês/S. W.	População de larvas/plantas	Taxa de multiplicação da população de larvas dia^{-1} planta^{-1}	Infestação de vagens (%)	Taxa de multiplicação da infestação de vagens dia^{-1}	Temp. mínima (°C)	Temp. máxima (°C)	Relativo Humidade (%)	Precipitação (mm)
novembro 46	0.10	0.01	-	-	28.1	10.9	67.5	0.00
47	0.37	0.04	-	-	27.0	9.1	69.6	0.00
48	0.80	0.06	-	-	26.1	8.3	62.5	0.00
dezembro 49	1.27	0.07	-	-	26.5	8.5	56.2	0.00
50	1.50	0.03	-	-	25.9	9.7	74.1	0.00
51	0.63	-0.12	-	-	20.2	7.9	73.7	0.00
52	0.33	-0.04	-	-	14.7	4.2	85.1	0.00
	0.13	-0.03	-	-	13.9	3.5	80.1	0.00
	0.03	-0.01	-	-	19.6	3.3	69.9	0.00
janeiro 1	0.00	0.00	-	-	22.8	9.7	81.1	0.00
2 3 4	0.00	0.00	-	-	18.7	5.6	63.1	0.00
5 de fevereiro	0.13	0.02	0.00	0	22.8	5.7	75.4	0.00
6	0.23	0.03	3.40	0.49	22.2	10.7	68.8	10.8
7	0.33	0.01	8.15	0.69	22.0	8.4	79.6	0.00
8	0.57	0.03	9.09	0.13	23.6	10.5	80.9	74.8
março 9	0.77	0.05	10.87	0.26	25.9	9.8	73.6	39.0
10	1.03	0.04	20.93	1.43	29.3	12.2	66.3	0.00
11	1.40	0.05	25.71	0.68	30.7	12.5	63.6	0.00
12	1.00	-0.06	13.48	-1.74	33.2	14.7	62.5	1.90
abril 13	0.57	-0.06	11.54	-0.28	34.8	16.7	62.0	0.00
14	0.43	-0.02	4.79	-0.96	39.0	17.6	61.5	0.00

Quadro 7: Coeficiente de correlação entre a população larvar da broca da vagem da grama, Helicoverpa armigera, no grão-de-bico e os factores abióticos durante a Rabi 2012-13.

Particular	Temperatura (0C)		Humidade relativa (%)	Precipitação (mm)
	Mínimo	Máximo		
População larvar	-0.32	-0.27	0.23	0.08
Taxa de multiplicação das larvas	0.50	0.56	-0.25	0.19
Infestação de vagens	0.11	-0.02	-0.20	0.23
Taxa de multiplicação da infestação	0.45	0.39	-0.39	0.04

Quadro-8: Medição de diferentes fases da broca da vagem da grama, *Helicoverpa armigera* Hubner criada em grão-de-bico em condições de laboratório durante a Rabi 2011-12.

Sl. Não.	Estágio	Número de observados	Comprimento (mm)			Largura (mm)		
			Mínimo	Máximo	Av. ± S.D.	Mínimo	Máximo	Av. ± S.D.
1.	Ovo	20	0.45	0.62	0.51±0.06	0.44	0.52	0.47±0.02
2.	Larva							
	I instar	15	1.22	1.48	1.30±0.90	0.39	0.46	0.42±0.02
	II instar	15	3.10	3.45	3.25±0.16	0.65	0.85	0.73±0.06
	III instar	15	6.85	8.50	7.81±0.55	2.05	2.45	2.40±0.20
	IV instar	15	9.05	11.20	10.74±1.87	2.45	3.00	2.76±0.21
	V instar	15	16.50	21.25	18.93±1.86	3.00	3.50	3.29±0.17
	VI instar	15	30.80	32.75	31.64±0.60	3.75	4.30	4.07±0.177
	Prepupa	15	21.75	27.50	24.05±2.12	3.85	5.00	4.48±0.36
3.	Pupa							
	Masculino	15	18.00	21.85	20.02±1.24	5.05	6.20	5.61±0.30
	Feminino	15	19.90	24.10	22.43±1.21	5.65	6.35	6.03±0.18
4.	Adulto							
	Masculino	15	16.40	19.00	18.07±0.82	32.00	36.80	34.57±1.18
	Feminino	15	18.50	22.15	20.96±1.23	37.75	43.00	40.14±1.41

Quadro-9: Medição de diferentes fases da broca da vagem da grama, *Helicoverpa armigera* Hubner criada em grão-de-bico em condições de laboratório durante a Rabi 2012-13.

Sl. Não .	Estágio	Número de observações d	Comprimento (mm)			Largura (mm)		
			Mínimo m	Máximo de m	Av. + S.D.	Mínimo m	Máximo de m	Av. + S.D.
1.	Ovo	20	0.43	0.60	0.50±0.05	0.41	0.50	0.45±0.02
2.	Larva							
	I instar	15	1.20	1.40	1.29±0.07	0.35	0.43	0.39±0.02
	II instar	15	3.00	3.35	3.18±0.11	0.55	0.80	0.69±0.07
	III instar	15	6.55	8.20	7.20±0.54	2.00	2.35	2.12±0.09
	IV instar	15	9.00	11.00	10.08±0.71	2.25	2.90	2.41±0.14
	V instar	15	16.20	21.05	19.27±1.61	2.85	3.40	3.08±0.189
	VI instar	15	30.50	32.55	31.56±0.73	3.60	4.35	3.86±0.20
	Prepup a	15	21.55	27.30	24.63±2.0 0	3.65	5.05	4.23±0.41
3.	Pupa							
	Masculino	15	17.70	21.55	20.02±1.42	5.00	6.00	5.48±0.37
	Feminino	15	19.65	24.00	21.33±1.08	5.60	6.15	5.85±0.17
4.	Adulto							
	Masculino	15	16.15	18.50	17.49±0.63	31.10	36.50	33.92±1.62
	Feminino	15	18.40	22.00	19.53±0.77	37.25	42.80	40.25±1.57

Quadro-10: Período de várias fases da broca da vagem da grama, *Helicoverpa armigera* Hubner criada em grão-de-bico em condições de laboratório durante a Rabi 2011-12.

Sl. Não.	Estágio	Período (dias)		
		Mínimo	Máximo	Av. ± S.D.
1.	Período de incubação	4	5	4.50±0.52
2.	Período de larva			
	I instar	2	3	2.40±0.51
	II instar	2	3	2.50±0.52
	III instar	2	3	2.60±0.51
	IV instar	2	5	3.50±1.08
	V instar	3	5	3.90±0.87
	VI instar	3	5	4.00±0.94
	Período larvar total	18	24	21.30±2.05
3	Período Prepupa	1	3	1.90±0.87
4	Período pupal	13	16	14.29±1.22
5.	Período adulto			
	Masculino	7	12	9.20±1.75
	Feminino	10	15	12.20±1.87
6.	Período total de vida			
	Masculino	42	57	48.70±5.16
	Feminino	45	60	50.0±5.86

Quadro-11: Período de várias fases da broca da vagem da grama, *Helicoverpa armigera* Hubner criada em grão-de-bico em condições de laboratório durante a Rabi 2012-13.

Sl. Não.	Estágio	Período (dias)		
		Mínimo	Máximo	Av. ± S.D.
1.	Período de incubação	4	6	5.00±0.81
2.	Período de larva			
	I instar	2	3	2.50±0.52
	II instar	2	3	2.20±0.42
	III instar	2	3	2.60±0.51
	IV instar	2	3	2.50±0.52
	V instar	3	5	4.00±0.81
	VI instar	3	5	4.00±0.94
	Período larvar total	18	22	20.00±1.49
3	Período Prepupa	1	3	1.90±0.73
4	Período pupal	10	15	12.50±1.84
5.	Período adulto			
	Masculino	7	11	8.80±1.31
	Feminino	10	14	12.00±1.49
6.	Período total de vida			
	Masculino	40	54	46.80±4.36
	Feminino	42	57	49.10±5.44

Quadro-12: Pré-oviposição, oviposição, pós-oviposição, fecundidade e percentagem de eclosão da broca da vagem da grama, *H. armigera*, em condições de laboratório durante a Rabi 2011-12.

Sl. Não.	Estágio	Período (dias)		
		Mínimo	Máximo	Av. ± S.D.
1.	Período de pré-oviposição (dias)	2	3	2.50±0.52
2.	Período de oviposição (dias)	4	6	4.70±0.82
3.	Período pós-oviposição (dias)	1	2	1.40±0.51
4.	Fecundidade	715	1515	1116.00±316.19
5.	Incubação Percentagem	62.50	75.00	68.35±3.97

Quadro-13: Pré-oviposição, oviposição, pós-oviposição, fecundidade e percentagem de eclosão da broca da vagem da grama, *H. armigera*, em condições de laboratório durante a Rabi 2012-13.

Sl. Não.	Estágio	Período (dias)		
		Mínimo	Máximo	Av. ± S.D.
1.	Período de pré-oviposição (dias)	3	4	3.40±0.51
2.	Período de oviposição (dias)	5	7	5.80±0.91
3.	Período pós-oviposição (dias)	1	2	1.50±0.52
4.	Fecundidade	615	1350	992.50±280.31
5.	Percentagem de eclosão	54.00	65.00	59.10±4.38

Tabela 14: População larvar da broca da vagem da grama, *Helicoverpa armigera* Hubner, sua mortalidade e parasitismo nos instares iniciais (I a III) no grão-de-bico durante a Rabi 2011-12.

Mês/S. W.	N.º de larvas observadas	N.º de larvas mortas	Mortalidade total em percentagem	Percentagem de larvas parasitadas por		Mortalidade por causa desconhecida
				Ha VAL	*Campoletis chlorideae*	
novembro 47	5	1	20.00	0.00	0.00	20.00
48	8	2	25.00	12.50	12.50	0.00
dezembro 49	11	3	27.27	9.09	9.09	9.09
50	15	5	33.33	13.33	20.00	0.00
51	7	2	28.57	14.29	14.29	0.00
52	4	1	25.00	0.00	25.00	0.00
janeiro 1	2	0	0.00	0.00	0.00	0.00
2						
3						
4	2	0	0.00	0.00	0.00	0.00
5 de fevereiro	6	2	33.33	0.00	16.67	16.67
6	15	3	20.00	6.67	6.67	6.67
7	15	4	26.67	6.67	13.33	6.67
8	20	5	25.00	10.00	10.00	5.00
março 9	20	5	25.00	5.00	15.00	5.00
10	20	4	20.00	5.00	10.00	5.00
11	20	3	15.00	5.00	5.00	5.00
12	15	2	13.33	6.67	6.67	0.00
abril 13	10	2	20.00	10.00	10.00	0.00
Média	**11.47**	**2.59**	**21.03**	**6.13**	**10.25**	**4.65**

Tabela 15: População larvar da broca da vagem da grama, *Helicoverpa armigera* Hubner, sua mortalidade e parasitismo nos instares iniciais (I a III) no grão-de-bico durante a Rabi 2012-13.

Mês/S. W.	N.º de larvas observadas	N.º de larvas mortas	Mortalidade total em percentagem	Percentagem de larvas parasitadas por		Mortalidade por causa desconhecida
				Ha VAL	Campoletis chlorideae	
novembro 47	3	1	33.33	0.00	33.33	0.00
48	8	2	25.00	12.50	12.50	0.00
dezembro 49	15	3	20.00	6.67	6.67	6.67
50	20	4	20.00	5.00	10.00	5.00
51	20	5	25.00	10.00	10.00	5.00
52	15	5	33.33	13.33	13.33	6.67
janeiro 1	10	3	30.00	10.00	10.00	10.00
2	5	2	40.00	20.00	20.00	0.00
3	4	1	25.00	0.00	25.00	0.00
4	-	-	-	-	-	-
5 de fevereiro	-	-	-	-	-	-
6	5	1	20.00	0.00	20.00	0.00
7	8	2	25.00	12.50	12.50	0.00
8	10	3	30.00	10.00	20.00	0.00
março 9	15	4	26.67	6.67	13.33	6.67
10	20	4	20.00	5.00	10.00	5.00
11	20	3	15.00	5.00	5.00	5.00
12	20	2	10.00	5.00	5.00	0.00
abril 13	20	1	5.00	0.00	5.00	0.00
14	15	1	6.67	0.00	6.67	0.00
Média	**12.94**	**2.61**	**22.78**	**6.76**	**13.24**	**2.78**

Tabela 16: População larvar da broca da vagem da grama, *Helicoverpa armigera* Hubner, sua mortalidade e parasitismo no instar tardio (IV a V) no grão-de-bico durante a Rabi 2011-12.

Mês/S. W.	N.º de larvas observadas	N.º de larvas mortas	Mortalidade total em percentagem	Percentagem de larvas parasitadas por tachinídeos	Mortalidade por causa desconhecida
novembro 47	4	1	25.00	25.00	0.00
48	6	1	16.67	16.67	0.00
dezembro 49	10	2	20.00	10.00	10.00
50	12	3	25.00	16.67	8.33
51	6	2	33.33	16.67	16.67
52	3	1	33.33	33.33	0.00
janeiro 1	2	0	0.00	0.00	0.00
2	-	-	-	-	-
3	-	-	-	-	-
4	2	0	0.00	0.00	0.00
fevereiro 5	5	1	20.00	20.00	0.00
6	13	3	23.08	15.38	7.69
7	14	4	28.57	14.29	14.29
8	15	3	20.00	13.33	6.67
março 9	15	2	13.33	6.67	6.67
10	15	1	6.67	6.67	0.00
11	15	1	6.67	0.00	6.67
12	10	1	10.00	10.00	0.00
abril 13	8	1	12.50	12.50	0.00
Média	**9.12**	**1.59**	**17.30**	**12.77**	**4.53**

Tabela 17: População larvar da broca da vagem da grama, *Helicoverpa armigera* Hubner, sua mortalidade e parasitismo no instar tardio (IV a V) no grão-de-bico durante a Rabi 2012-13.

Mês/S. W.	N.º de larvas observadas	N.º de larvas mortas	Mortalidade total em percentagem	Percentagem de larvas parasitadas por tachinídeos	Mortalidade por causa desconhecida
novembro 47	3	1	33.33	33.33	0.00
48	6	1	16.67	16.67	0.00
dezembro 49	12	2	16.67	8.33	8.33
50	15	3	20.00	13.33	6.67
51	15	4	26.67	13.33	13.33
52	10	4	40.00	30.00	10.00
janeiro 1	7	2	28.57	14.29	14.29
2	4	1	25.00	25.00	0.00
3	3	1	33.33	33.33	0.00
4	-	-	-	-	-
fevereiro 5	-	-	-	-	-
6	4	1	25.00	25.00	0.00
7	7	2	28.57	14.29	14.29
8	8	3	37.50	25.00	12.50
março 9	12	4	33.33	25.00	8.33
10	15	3	20.00	13.33	6.67
11	15	2	13.33	6.67	13.33
12	15	2	13.33	6.67	6.67
abril 13	15	1	6.67	6.67	0.00
14	12	1	8.33	8.33	0.00
Média	**10.69**	**1.86**	**18.49**	**12.58**	**6.27**

Tabela 18: População da broca da vagem da grama, *Helicoverpa armigera* Hubner, sua mortalidade e parasitismo em pupas no grão-de-bico durante a Rabi 2011-12.

Mês/S. W.	N.º de pupas observadas	N.º de pupas mortas	Mortalidade total em percentagem	Percentagem de pupas parasitadas por tachinídeos	Mortalidade por desconhecido causa
novembro 47	3	1	33.33	33.33	0.00
48	5	1	20.00	20.00	0.00
dezembro 49	8	1	12.50	12.50	0.00
50	9	2	22.22	22.22	0.00
51	4	1	25.00	25.00	0.00
52	1	1	0.00	0.00	0.00
janeiro 1	2	0	0.00	0.00	0.00
2					
3					
4	2	0	0.00	0.00	0.00
fevereiro 5	4	1	25.00	25.00	0.00
6	10	3	30.00	20.00	10.00
7	10	2	20.00	10.00	10.00
8	12	3	25.00	16.67	8.33
março 9	15	2	13.33	6.67	6.67
10	15	1	6.67	6.67	0.00
11	15	1	6.67	6.67	0.00
12	10	1	10.00	0.00	10.00
abril 13	8	1	12.50	0.00	12.50
Média	**8.13**	**1.29**	**14.83**	**12.04**	**3.38**

Tabela-19: População da broca da vagem da grama, *Helicoverpa armigera* Hubner, sua mortalidade e parasitismo em pupas no grão-de-bico durante a Rabi 2012-13.

Mês/S. W.	N.º de pupas observadas	N.º de pupas mortas	Mortalidade total em percentagem	Percentagem de pupas parasitadas por tachinídeos	Mortalidade por desconhecido causa
novembro 47	2	0	0.00	0.00	0.00
48	5	1	20.00	20.00	0.00
dezembro 49	10	2	20.00	10.00	0.00
50	12	3	25.00	16.67	8.33
51	13	4	30.77	23.08	7.69
52	10	3	30.00	20.00	10.00
janeiro 1	5	1	20.00	20.00	0.00
2	2	1	50.00	50.00	0.00
3	1	0	0.00	0.00	0.00
4					
fevereiro 5					
6	4	1	25.00	0.00	25.00
7	6	2	33.33	16.67	16.67
8	5	2	40.00	20.00	20.00
março 9	11	2	18.18	9.09	9.09
10	12	3	25.00	16.67	8.33
11	15	2	13.33	6.67	6.67
12	15	1	6.67	6.67	0.00
abril 13	15	1	6.67	0.00	6.67
14	12	1	8.33	0.00	8.33
Média	**8.61**	**1.67**	**20.68**	**13.08**	**7.04**

Tabela 20: Avaliação dos módulos IPM contra a broca da vagem da grama, *Helicoverpa armigera* Hubner, no grão-de-bico durante a Rabi 2011-12.

Sl. Não.	Módulo IPM	Intensidade da broca da vagem da grama, *H. armigera* por planta após a aplicação de todos os módulos em					
		7 dias	**14 dias**	**21 dias**	**28 dias**	**35 dias**	**Média**
1.	Cultura intercalar (Grão-de-bico-3:Semente de linhaça-1)-Colheita e destruição de larvas-N.S.K.E@5 %	2.67 (9.29)	1.67 (7.17)	1.33 (6.23)	1.00 (5.60)	0.67 (4.61)	1.47 (6.64)
2.	Cultura intercalar (Grão-de-bico-3:Semente de linhaça-1)-Coleção e destruição de larvas-N.P.V. 250 LE/ha^{-1}	3.67 (11.52)	3.00 (9.54)	1.67 (7.17)	1.33 (6.23)	1.00 (5.61)	2.13 (8.22)
3.	Culturas intercalares (Grão-de-bico-3: Semente de linhaça-1) - Recolha e destruição de larvae-B.t.@1.lit./hec.	4.67 (12.42)	4.00 (11.28)	3.00 (9.88)	2.00 (7.94)	1.67 (7.17)	3.07 (9.99)
4.	Cultura intercalar (Grão-de-bico-3: Semente de linhaça-1) - Recolha e destruição de larvas - Indoxacarb 14,5 EC (250 gm/ha.)	1.67 (7.17)	1.00 (4.62)	0.67 (4.61)	0.33 (3.26)	0.00 (0.00)	0.73 (4.74)
5.	Cultura intercalar (Grão-de-bico-3:Semente de linhaça-1)-N.S.K.E. @5%	6.00 (14.04)	5.33 (13.30)	4.33 (11.95)	3.00 (9.88)	2.00 (8.08)	4.13 (11.66)
6.	Cultura intercalar (Grão-de-bico-3:Semente de linhaça-1)-N.P.V. @ 250-500 LE/ha	6.67 (14.85)	6.00 (14.04)	5.00 (12.74)	3.67 (10.92)	2.67 (9.29)	4.80 (12.61)
7.	Culturas intercalares (Grão-de-bico-3: Semente de linhaça-1) - Bt.@1.0let./he_c.	7.33 (15.61)	6.33 (14.45)	5.67 (14.82)	4.67 (12.28)	3.33 (10.43)	5.47 (13.48)
8.	Cultura intercalar (Grão-de-bico-3:Semente de linhaça-1)-Indoxacarb 14.5 EC (250 gm/ha)	2.33 (8.64)	1.67 (6.75)	1.00 (5.60)	0.67 (4.66)	0.33 (3.15)	1.20 (6.27)
9.	Indoxacarbe 14,5 CE	5.33 (13.18)	4.67 (12.43)	3.67 (10.97)	2.33 (8.64)	2.00 (8.08)	3.60 (10.86)
10.	Controlo	8.00 (16.34)	9.00 (17.38)	10.33 (18.67)	7.00 (15.23)	5.67 (13.67)	8.00 (16.34)
SE ±		1.78	2.16	1.60	1.56	1.26	1.38
CD a 5 %		3.77	4.57	3.39	3.30	2.67	2.92

Tabela-21: Avaliação dos módulos IPM contra a broca da vagem da grama, *Helicoverpa armigera* Hubner, no grão-de-bico durante a Rabi 2012-13.

Sl. Não.	Módulo IPM	Intensidade da broca da vagem da grama, *H. armigera* por planta após a aplicação de todos os módulos em					
		7 dias	14 dias	21 dias	28 dias	35 dias	Média
1.	Cultura intercalar (Grão-de-bico-3 :Semente de linhaça-1)- Recolha e destruição das larvas-N.S.K.E@5 %	2.00 (7.94)	1.33 (6.23)	1.00 (5.61)	0.67 (4.68)	0.33 (3.46)	1.07 (5.78)
2.	Cultura intercalar (Grão-de-bico-3:Semente de linhaça-1)- Recolha e destruição de larvas-N.P.V. 250-500 LE/ha^{-1}	2.67 (8.73)	2.33 (8.51)	1.33 (6.23)	1.00 (5.61)	0.67 (4.66)	1.60 (7.18)
3.	Cultura intercalar (Grão-de-bico-3: Semente de linhaça-1) - Recolha e destruição de larvas - B.t.@1.lit./he,c.	3.67 (10.97)	3.00 (9.87)	2.33 (8.64)	1.67 (7.17)	1.00 (5.61)	2.33 (8.64)
4.	Cultura intercalar (Grão-de-bico-3: Linhaça-1) - Recolha e destruição de larvas - Indoxacarb 14,5 EC (250 gm/ha.)	1.00 (5.61)	0.67 (4.66)	0.33 (3.26)	0.33 (3.26)	0.00 (0.00)	0.47 (4.18)
5.	Culturas intercalares (Grão-de-bico-3 :Semente de linhaça-1)- N.S.K.E. @5%	5.00 (12.87)	4.33 (11.95)	3.67 (10.97)	2.33 (8.64)	1.67 (7.32)	3.40 (10.54)
6.	Cultura intercalar (Grão-de-bico-3:Semente de linhaça-1)-N.P.V. @ 250-500 LE/ha	5.33 (13.30)	5.00 (12.87)	4.00 (11.47)	3.00 (9.88)	2.00 (7.45)	3.87 (11.28)
7.	Culturas intercalares (Grão-de-bico-3: Semente de linhaça-1) - Bt.@1.0let./hec.	6.00 (14.14)	5.33 (13.30)	4.33 (11.95)	3.67 (10.97)	2.33 (8.64)	4.33 (11.95)
8.	Cultura intercalar (Grão-de-bico-3:Semente de linhaça-1)- Indoxacarb 14.5 EC (250 gm/ha)	1.33 (6.23)	1.00 (5.50)	0.67 (4.68)	0.33 (3.00)	0.33 (3.26)	0.73 (4.87)
9.	Indoxacarbe 14,5 CE	4.33 (11.95)	3.67 (10.97)	2.67 (9.29)	2.00 (7.94)	1.33 (6.58)	2.80 (9.52)
10.	Controlo	7.00 (15.23)	8.33 (16.66)	9.33 (17.71)	7.33 (15.64)	4.33 (11.91)	7.27 (15.56)
SE ±		1.56	1.46	1.24	1.28	1.13	1.27
CD a 5 %		3.30	3.09	2.84	2.72	2.39	2.70

Quadro-22: Avaliação dos módulos IPM contra a broca da vagem da grama, *Helicoverpa armigera* Hubner, no grão-de-bico durante a Rabi 2011-12.

Sl. Não.	Módulo IPM	Infestação de vagens (%) pela broca da vagem da grama, *H. armigera*, após aplicação de todos os módulos a					
		7 dias	14 dias	21 dias	28 dias	35 dias	Média
1.	Cultura intercalar (Grão-de-bico-3:Semente de linhaça-1)-Recolha e destruição de larvas-N.S.K.E@5 %	15.38 (22.87)	14.00 (21.83)	9.26 (17.56)	8.00 (16.07)	5.88 (13.89)	10.51 (18.79)
2.	Cultura intercalar (Grão-de-bico-3:Semente de linhaça-1) - Recolha e destruição de larvas - N.P.V. 250-500 LEZha ·	21.57 (27.54)	17.65 (24.69)	13.21 (21.15)	10.00 (18.19)	8.33 (16.59)	14.15 (21.95)
3.	Culturas intercalares (Grão-de-bico-3: Sementes de linhaça-1) - Recolha e destruição de larvae-B.t.@1.lit./hec.	22.81 (28.50)	19.30 (26.03)	14.04 (21.96)	12.00 (20.22)	10.20 (18.56)	15.67 (23.28)
4.	Cultura intercalar (Grão-de-bico - 3: Linhaça - 1) - Recolha e destruição de Iarvae - Indoxacarb 14,5 EC (250 gm/ha.)	9.62 (18.00)	7.02 (15.26)	5.66 (13.61)	1.67 (7.17)	0.00 (0.00)	4.79 (12.45)
5.	Cultura intercalar (Grão-de-bico-3:Semente de linhaça-1)- N.S.K.E. @5%	32.08 (34.46)	25.45 (30.21)	20.37 (26.71)	14.52 (22.36)	17.02 (24.30)	21.89 (27.82)
6.	Cultura intercalar (grão-de-bico-3:linhaça-1)-N.P.V. @ 250-500 LE/ha	35.85 (36.73)	30.36 (33.37)	28.89 (32.44)	16.95 (24.28)	16.36 (23.82)	25.68 (30.36)
7.	Culturas intercalares (Grão-de-bico-3: Sementes de linhaça-1)-Bt.@1.0let./hec.	41.67 (40.17)	36.54 (37.15)	30.61 (33.53)	21.43 (27.55)	20.00 (26.44)	30.05 (33.18)
8.	Cultura intercalar (Grão-de-bico-3:Semente de linhaça-1) - Indoxacarb 14,5 EC (250 gm/ha)	10.53 (18.57)	8.77 (17.15)	6.78 (14.84)	4.08 (11.59)	2.00 (7.94)	6.43 (14.41)
9.	Indoxacarbe 14,5 CE	28.85 (32.42)	24.53 (29.63)	20.83 (27.68)	13.56 (21.52)	12.73 (20.86)	20.10 (26.55)
10.	Controlo	44.90 (42.03)	46.15 (42.76)	48.15 (43.92)	46.94 (43.22)	35.09 (36.44)	44.25 (41.66)
SE ±		2.07	2.44	2.76	2.19	1.96	2.53
CD a 5 %		6.07	5.17	5.83	4.64	4.16	5.36

Tabela 23: Avaliação dos módulos IPM contra a broca da vagem da grama, *Helicoverpa armigera* Hubner, no grão-de-bico durante a Rabi 2012-13.

Sl. Não.	Módulo IPM	Infestação de vagens (%) pela broca da vagem da grama, *H. armigera*, após aplicação de todos os módulos a					
		7 dias	14 dias	21 dias	28 dias	35 dias	Média
1.	Cultura intercalar (Grão-de-bico-3:Semente de linhaça-1) - Recolha e destruição das larvas - N.S.K.E@5 %	15.09 (22.73)	11.76 (20.00)	7.27 (15.54)	6.00 (13.86)	3.92 (11.53)	8.81 (18.49)
2.	Cultura intercalar (Grão-de-bico-3:Semente de linhaça-1)-Colheita e destruição de larvas-N.P.V. 250-500 LE/ha^{-1}	19.61 (26.12)	14.81 (22.50)	9.62 (17.92)	7.14 (15.27)	6.12 (14.02)	11.46 (19.67)
3.	Cultura intercalar (Grão-de-bico-3: Semente de linhaça-1) - Recolha e destruição de larvas - B.t.@1.lit./hec.	21.05 (27.29)	18.18 (25.21)	13.73 (21.66)	9.26 (17.64)	7.14 (15.47)	13.87 (21.82)
4.	Cultura intercalar (Grão-de-bico-3: Semente de linhaça-1) - Recolha e destruição de larvas - Indoxacarb 14,5 EC (250 gm/ha.)	7.02 (15.33)	5.56 (13.49)	4.00 (11.28)	1.89 (7.70)	0.00 (0.00)	3.69 (10.77)
5.	Cultura intercalar (Grão-de-bico-3:Semente de linhaça-1)- N.S.K.E. @5%	29.63 (32.93)	26.53 (37.98)	19.61 (26.26)	14.29 (22.19)	14.29 (22.17)	20.87 (27.16)
6.	Cultura intercalar (Grão-de-bico-3:Semente de linhaça-1)-N.P.V. @ 250500 LE/ha	35.29 (36.40)	32.65 (34.83)	25.00 (29.98)	16.36 (23.83)	14.29 (22.17)	24.72 (29.79)
7.	Cultura intercalar (Grão-de-bico-3: Semente de linhaça-1)- Bt.@1.0let./hec.	35.85 (36.73)	38.30 (38.21)	31.11 (33.88)	17.74 (24.88)	16.98 (24.30)	28.00 (31.92)
8.	Cultura intercalar (Grão-de-bico-3:Semente de linhaça-1)- Indoxacarb 14.5 EC (250 gm/ha)	11.32 (19.61)	7.27 (15.54)	6.52 (15.67)	3.33 (10.16)	2.04 (8.03)	6.10 (14.17)
9.	Indoxacarbe 14,5 CE	27.45 (31.57)	24.00 (29.27)	17.31 (24.55)	14.29 (22.17)	9.84 (18.26)	18.58 (25.50)
10.	Controlo	37.50 (37.71)	43.40 (41.17)	53.19 (46.82)	38.60 (38.53)	32.20 (34.51)	40.98 (39.77)
SE ±		2.17	1.90	1.95	2.18	1.80	1.83
CD a 5 %		4.59	4.03	4.12	4.61	3.80	3.87

Tabela 24: Economia dos módulos IPM contra a broca da vagem da grama, *H. armigera*, em relação ao rendimento do grão-de-bico durante Rabi2011-12.

Sl. Não.	Módulo IPM	Rendimento (q/ha)	Aumento do rendimento em relação ao controlo (q/ha)	Custo do aumento do rendimento (Rs/ha)	Custo do módulo IPM (Rs/ha)	Rácio custo-benefício
1.	Cultura intercalar (Grão-de-bico-3:Semente de linhaça-1)-Recolha e destruição de larvas-N.S.K.E@5 %	17.00	8.10	26730	3350	1: 7.98
2.	Cultura intercalar (Grão-de-bico-3:Semente de linhaça-1) - Recolha e destruição de larvas - N.P.V. 250500 LE/ha [1]	15.85	6.95	22935	3950	1: 5.81
3.	Cultura intercalar (Grão-de-bico-3: Semente de linhaça-1) - Recolha e destruição de larvas - B.t.@1.lit./hec.	14.20	5.30	17490	3450	1: 5.07
4.	Cultura intercalar (Grão-de-bico-3: Semente de linhaça-1) - Recolha e destruição de larvas - Indoxacarb 14,5 EC (250 gm/ha.)	21.15	12.25	40425	4100	1: 9.86
5.	Cultura intercalar (Grão-de-bico-3:Semente de linhaça-1)- N.S.K.E. @5%	12.60	3.70	12210	2350	1: 5.20
6.	Cultura intercalar (Grão-de-bico-3:Semente de linhaça-1)-N.P.V. @ 250-500 LE/ha	11.05	2.15	7095	2950	1: 2.41
7.	Culturas intercalares (Grão-de-bico -3: Sementes de linho-1)-Bt.@1.0let./ha.	10.70	1.80	5940	2450	1: 2.42
8.	Cultura intercalar (Grão-de-bico-3:Semente de linhaça-1)- Indoxacarb 14.5 EC (250 gm/ha)	17.10	8.20	27060	3100	1: 8.73
9.	Indoxacarbe 14,5 CE	13.00	4.10	13530	2100	1: 6.44
10.	Controlo	8.90	0.00	0	0	0.00

Tabela 25: Economia dos módulos IPM contra a broca da vagem da grama, *H. armigera*, em relação ao rendimento do grão-de-bico durante Rabi2012-13.

Sl. Não.	Módulo IPM	Rendimento (q/ha)	Aumento do rendimento em relação ao controlo (q/ha)	Custo do aumento do rendimento (Rs/ha)	Custo do módulo IPM (Rs/ha)	Rácio custo-benefício
1.	Cultura intercalar (Grão-de-bico-3:Semente de linhaça-1) - Recolha e destruição de larvas - N.S.K.E@5 %	14.85	7.10	23430	3350	1: 6.99
2.	Cultura intercalar (Grão-de-bico-3:Semente de linhaça-1) - Recolha e destruição de larvas - N.P.V. 250500 LE/ha [1]	12.50	4.75	15675	3950	1: 3.97
3.	Cultura intercalar (Grão-de-bico-3: Semente de linhaça-1) - Recolha e destruição de larvas - B.t.@1.lit./hec.	11.95	4.20	13860	3450	1: 4.02
4.	Cultura intercalar (Grão-de-bico-3: Semente de linhaça-1) - Recolha e destruição de larvas - Indoxacarb 14,5 EC (250 gm/ha.)	18.75	11.00	36300	4100	1: 8.85
5.	Cultura intercalar (Grão-de-bico-3:Semente de linhaça-1)- N.S.K.E. @5%	10.20	2.45	8085	2350	1: 3.44
6.	Cultura intercalar (Grão-de-bico-3:Semente de linhaça-1)-N.P.V. @ 250-500 LE/ha	9.85	2.10	6930	2950	1: 2.35
7.	Culturas intercalares (Grão-de-bico - 3: Sementes de linho-1)-Bt.@1.0let./ha	8.65	0.90	2970	2450	1: 1.21
8.	Cultura intercalar (Grão-de-bico-3:Semente de linhaça-1)- Indoxacarb 14.5 EC (250 gm/ha)	15.05	7.30	24090	3100	1: 7.77
9.	Indoxacarbe 14,5 CE	11.00	3.25	10725	2100	1: 5.11
10.	Controlo	7.75	0.00	0	0	1: 0.00

FOTOGRAFIA

Campo experimental de grão-de-bico na quinta de investigação para estudantes, CSAUAT, Kanpur

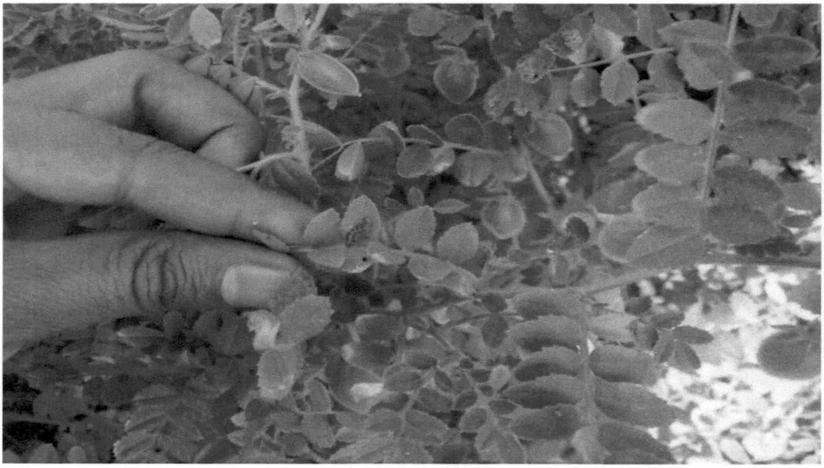

Larva de instar inicial da broca da vagem, *H. armigera*, em grão-de-bico

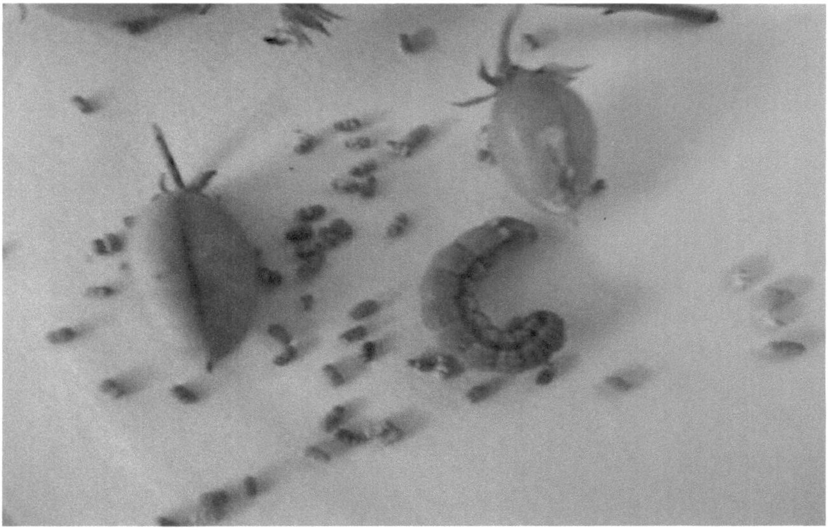

Vagem de grão-de-bico infestada com larva da broca da vagem, *H. armigera*

Durante a pulverização de insecticidas no campo experimental de grão-de-bico

Experimentação da biologia de *H. armigera* em condições laboratoriais

larva da broca da vagem, *H. armigera*, em condições laboratoriais

Pupa da broca da vagem, *H. armigera*, em condições laboratoriais

Adulto da broca da vagem, *H. armigera*, em condições laboratoriais

CAPÍTULO V RESULTADOS E DISCUSSÃO

O grão-de-bico (*Cicer arietinum L.*) é a terceira cultura de leguminosas mais importante do mundo e a Índia produz 75% da oferta mundial. A broca da vagem da grama, *H. armigera* (Hubner), é a praga mais perigosa do grão-de-bico. Uma única larva pode danificar 30-40 vagens durante a sua vida. O método comum de controlo da *H. armigera* inclui a utilização extensiva de insecticidas de largo espetro. No entanto, a sua utilização intensiva e extensiva criou vários problemas de saúde e ambientais, a perda de inimigos naturais e a resistência da broca da vagem aos insecticidas, agravando assim o problema da praga. Tendo em conta as limitações supramencionadas dos pesticidas químicos, foram realizados estudos para registar a eficácia, a persistência e a fitotoxicidade das formulações de neem, *B.t.* e insecticidas para a gestão da broca da vagem no grão-de-bico. No presente capítulo, os resultados obtidos em vários aspectos da dinâmica populacional, do nível de prejuízo económico e da gestão da *Helicoverpa armigera* Hubner no grão-de-bico foram discutidos de forma crítica à luz de conclusões anteriores, sob os seguintes títulos adequados:

6. **Abundância sazonal de *H. armigera* no grão-de-bico**

A ocorrência da broca da vagem da grama começou a partir da 2ª semana de novembro (47ª SW) com 0,17 larvas/planta a 26,8 ^{0}C de temperatura máxima e 13,5 ^{0}C de temperatura mínima, 76,0 por cento de humidade e continuou até à fase de colheita da cultura (1ª semana de abril). Foi mais grave na primeira semana de março (9ª SW) quando a intensidade da broca das vagens foi de 2,07 larvas/planta a 27,5 ^{0}C de temperatura máxima, 10,3 ^{0}C de temperatura mínima e 61,0 por cento de humidade. Houve um declínio contínuo na sua intensidade no início da fase de frutificação durante a primeira semana de abril, com uma intensidade de 0,33 larvas/planta a 35,6 ^{0}C de temperatura máxima, 16,9 ^{0}C de temperatura mínima e 50,2 por cento de humidade durante a Rabi 2011-12. A população de larvas da broca da vagem da grama, *Helicoverpa armigera* Hubner, começou na primeira semana de novembro (46 th SW) com 0,01 larva / planta a 28,1 ^{0} C de temperatura máxima e 10,9 ^{0} C de temperatura mínima, 67,5 por cento de umidade e continuou até a fase de colheita da cultura (2 nd semana de abril). O pico foi atingido na terceira semana de março (11ª SW) quando a intensidade da broca da vagem era de 1,40 larvas/planta a 30,7 ^{0}C de temperatura máxima, 12,5 ^{0}C de temperatura mínima e 63,6 por cento de humidade. Houve um declínio contínuo na sua intensidade no início da fase de frutificação durante a 2ª semana de abril com uma intensidade de 0,43 larvas/planta a 39,0 ^{0}C de temperatura máxima, 17,6 ^{0}C de temperatura mínima e 61,5 por cento de humidade durante a Rabi 2012-13. Da mesma forma, Bajya *et al.* (2010) relataram que a população de larvas *de H. armigera* começou durante a terceira semana de novembro no grão-de-bico. A população mais elevada (9,2 larvas/10 plantas) foi registada durante a segunda semana de março e diminuiu gradualmente. Singh e Singh (1992) observaram uma infestação grave de *H. armigera* no cártamo em Sehore e verificaram que a população média de larvas era de 2,34/planta, atingindo 5,24 larvas/planta em março e Yadav e Lal (1988) verificaram que a população de larvas de *H. armigera* ocorria no grão-de-bico durante quase toda a sua fase de crescimento, sendo baixa na fase vegetativa e de floração e alta na fase de desenvolvimento do grão. Registaram-se dois picos de larvas, primeiro entre 47-50 semanas padrão e depois entre 11-15 semanas padrão. Anwar *et al.* (1992) registaram que, no Paquistão, a população de larvas permaneceu baixa durante dezembro e janeiro e aumentou durante fevereiro-março. A fase de floração e formação de vagens da cultura e a temperatura relativamente elevada favoreceram o aumento da população de larvas. Dubey *et al.* (1995) estudaram a dinâmica populacional da broca da vagem da grama e encontraram um pico de atividade em fevereiro e março. Manjunath *et al.* (2003) referiram que a população larvar da praga permaneceu ativa ao longo de toda a fase de crescimento, com a atividade máxima (4,56 larvas/planta) na fase de formação das vagens e a mais baixa (1,58 larvas/planta) na fase de floração, enquanto a atividade moderada (3,36 larvas/planta) foi encontrada na fase vegetativa. Singh *et al.* (2005) registaram a população larvar de *H. armigera*, desde a primeira semana de dezembro (3,26 larvas/m^2) até à segunda semana de abril (4,40 larvas/m^2). Shan e Shahzad (2005) registaram a população de *H. armigera*, que foi baixa durante as 49-6th semanas padrão, mas aumentou a partir das 7th semanas padrão e diminuiu novamente durante as 14th semanas padrão. Krishnakant *et al.* (2007) registaram que a população da broca das vagens atingiu o máximo durante a 14.^{a}semana padrão, com 46,8 e 48,2 larvas/ 10 plantas, respetivamente, em culturas de densidade superior. Depois disso, a população começou a diminuir e atingiu 7,2 e 9,8 larvas/ 10 plantas, respetivamente, nas culturas de densidade superior.

Infestação de vagens por *H. armigera*

A infestação da praga começou na vagem durante a primeira semana de fevereiro na ^{7a} semana padrão até à primeira semana de abril em 2011-12. Começou com 3,52% na primeira semana de fevereiro a 20,4 ^{0}C de temperatura máxima, 5,6 ^{0}C de temperatura mínima e 71,7% de humidade e atingiu 29,27% na primeira semana de março (a 27,5 ^{0}C de temperatura máxima, 10,3 ^{0}C de temperatura mínima e 61,5% de humidade. Durante o segundo ano, a infestação atingiu o máximo com 29,27% na última semana de março (a 30,7 ^{0}C de temperatura máxima, 12,5 ^{0}C de temperatura mínima e 63,6% de humidade. Depois, a infestação de vagens diminuiu ainda mais até a fase de colheita da cultura, com 4,79% de infestação de vagens. Verma *et al.* (1994) revelaram que o grão-de-bico era o hospedeiro preferido, causando 72,65% de infestação, e que, nos factores ambientais, a temperatura desempenhava um papel importante na regulação da atividade dos adultos. A sobreposição de gerações da praga foi observada em meados de março.

Taxa de multiplicação da intensidade larvar

A taxa de multiplicação da praga foi iniciada a partir da ^{47a} SW e continuou até à ^{1a} semana de dezembro, tendo depois diminuído a taxa de multiplicação e a população da praga durante a segunda e a terceira semana padrão. A taxa de multiplicação atingiu o máximo de 0,13 larvas/dia durante a 8.ª semana padrão a 28,7 ^{0}C de temperatura máxima, 11,4 ^{0}C de temperatura mínima e 66,4 por cento de humidade e diminuiu subsequentemente na primeira semana de abril em 2011-12. A taxa de multiplicação atingiu um máximo de 0,07 larvas/dia durante a 49.ª semana padrão a 26,5 ^{0}C de temperatura máxima, 8,5 ^{0}C de temperatura mínima e 56,2 por cento de humidade e diminuiu subsequentemente na segunda semana de abril em 2012-13 a 39,0 ^{0}C de temperatura máxima, 17,6 ^{0}C de temperatura mínima e 61,5 por cento de humidade durante o segundo ano.

Taxa de multiplicação da infestação das vagens

É evidente na Tabela 4.1.3 que a taxa de multiplicação da infestação de vagens foi iniciada a partir de 5th SW e continua até à Ist semana de abril (13th SW) e depois a taxa de multiplicação diminui ainda mais até à fase de colheita da cultura. A taxa de multiplicação atingiu um máximo de 0,39 por cento de infestação de vagens/dia durante a ^{7a} semana padrão a 23,8 ^{0}C de temperatura máxima, 8,8 ^{0}C de temperatura mínima e 65,2 por cento de humidade. A taxa de multiplicação atingiu o máximo de 0,69 por cento de infestação de vagens/dia durante a ^{7a} semana padrão a 22,0 ^{0}C de temperatura máxima, 8,4 ^{0}C de temperatura mínima e 79,6 por cento de humidade e diminuiu subsequentemente na segunda semana de abril de 2012-13 a 39,0 ^{0}C de temperatura máxima, 17,6 ^{0}C de temperatura mínima e 61,5 por cento de humidade

7. **Correlação entre a população de larvas e o fator ambiental**

População larvar

No que diz respeito à correlação entre a população larvar e os factores ambientais, verificou-se um efeito negativo da temperatura máxima e mínima na população larvar da broca da vagem do grão-de-bico e a humidade relativa e a precipitação revelaram um papel positivo na população larvar durante os dois anos. A temperatura mínima, a temperatura máxima e a precipitação tiveram um impacto significativamente positivo na taxa de multiplicação da infestação de vagens na cultura do grão-de-bico e a humidade relativa teve um papel negativo na multiplicação em ambos os anos de experiências. A temperatura mínima e a temperatura máxima e a precipitação tiveram um impacto significativamente positivo na taxa de multiplicação da população de larvas na cultura do grão-de-bico e a humidade relativa teve um papel negativo na multiplicação em ambos os anos de experiências. A temperatura mínima e máxima tiveram um papel significativamente negativo na infestação de vagens, enquanto a humidade relativa e a precipitação tiveram um impacto positivo na sua infestação durante a Rabi 2011-12 (Quadro 10). Durante 2012-13, a temperatura mínima e a precipitação mostraram um efeito positivo na infestação de vagens e a temperatura máxima e a humidade relativa mostraram um papel negativo na infestação de vagens. Também Vichiter *et al.* (2005) relataram que a temperatura máxima e a temperatura mínima tinham uma correlação positiva significativa com a população de larvas. A precipitação teve uma correlação positiva com a população de larvas apenas durante 1998-99. A humidade relativa máxima estava negativamente correlacionada com a população de larvas Bajya *et al.* (2010) referiram que a temperatura mínima, a chuva, a pressão de vapor e a humidade relativa de manhã e à noite estavam positivamente correlacionadas com o aumento da população de *H. armigera* no grão-de-bico. Bajya *et al.* (2010) relataram que o mês de novembro a março nesta cultura. No grão-de-bico, a temperatura mínima, a chuva, a pressão de vapor e a humidade relativa da manhã e da tarde foram positivamente correlacionadas com o aumento da população *de H. armigera*. Patel e Koshiya (1999) referiram que os factores abióticos, a temperatura máxima e a temperatura mínima, bem como a pressão de vapor, apresentaram uma tendência decrescente, o que contribuiu para as flutuações da população de larvas *de H. armigera*. Yadav e Lal (1988) referiram que os coeficientes de correlação eram positivamente significativos no caso das temperaturas máxima e mínima, mas não eram negativamente significativos no caso da humidade relativa. Anwar *et al.* (1992) registaram que, no Paquistão, a população de larvas permaneceu baixa durante dezembro e janeiro e aumentou durante fevereiro-março. A fase de floração e formação de vagens da cultura e a temperatura relativamente elevada favoreceram o aumento da população larvar. Lal (1996) referiu que a população da praga diminuiu rapidamente no final de março com o aumento da temperatura. Vários factores climáticos como a temperatura, a precipitação, a humidade relativa, a insolação e a velocidade do vento podem ser atribuídos ao aumento da população e à eclosão da *H. armigera*. Singh (2003) observou que a temperatura e a precipitação tinham uma correlação positiva significativa, a humidade máxima e mínima tinham uma correlação negativa significativa e as horas de sol não tinham um efeito significativo na população larvar de *H. armigera*. Shah e Shahzad (2005) verificaram que existia uma correlação positiva entre a densidade larvar e a temperatura média máxima e mínima, mas que existia uma correlação negativa entre a densidade dos instares larvares e a humidade relativa média matinal. Os resultados supramencionados estão totalmente de acordo com as observações dos presentes estudos.

8. **Estudar a biologia de *H. armigera* em condições laboratoriais**

O comprimento e a largura médios dos ovos foram de 0,51±0,06 mm e 0,47±0,03 mm, respetivamente, em 2011-12 (quadro). Durante 2012-13, o comprimento médio e a largura do ovo foram de 0,50±0,05 mm e 0,45±0,02 mm, respetivamente, durante 2012-13. O período médio de incubação foi registado como 4,50 ±0,53 e 5,00 ±0,81 dias nos respectivos anos.

Larva

O comprimento e a largura médios da larva de primeiro, segundo, terceiro, quarto, quinto e sexto instar foram 1,30±0,09 e 0,42±0,02 mm, 3,25±0,16 e 3,37±0,73 mm, 7,81±0.55 e 2,40±0,20 mm, 10,74±1,87 e 2,76±0,20 mm, 18,93±1,86 e 3,29±0,17 mm, 31,6±0,60 e 4,07±0,015 mm, nos respectivos dias durante o primeiro ano de 2011-12. Durante o segundo ano de 2012-13, o comprimento médio da larva de primeiro, segundo, terceiro, quarto, quinto e sexto instar foi de 1,29±0,08 mm, 3,18±0,11 mm, 7,20±0,54 mm, 10,08±0,71 mm, 19,27±1,62 mm, 31,56±0.73 mm, nos respectivos dias e a largura média da larva de primeiro, segundo, terceiro, quarto, quinto e sexto instar foi de 0,39±0,02 mm, 0,69±0,07 mm, 2,12±0,09 mm, 2,41±0,15 mm, 3,08±0,19 mm e 3,86±0,20 nos respectivos dias. O período total de desenvolvimento das larvas foi, em média, de 21,30±2,06 e 20,00±1,49 dias

Prepupa

O comprimento médio e a largura da fase pré-pupal foram de 24,05±2,12 mm e 4,48±0,36 mm, respetivamente durante o primeiro ano e durante o segundo ano, o comprimento médio e a largura da fase pré-pupal foram de 24,63±2,00 mm e 4,23±0,47 mm, respetivamente (Quadro 1). A duração média da fase pré-pupal foi de 1,90±0,87 e 1,90±0,73 dias no ano respetivo.

Pupa

O comprimento e a largura médios da pupa foram de 20,02±1,24 mm e 5,61±0,37 mm, durante o primeiro ano e durante o segundo ano, 20,02±1,42 mm e 5,48±0,37 mm, respetivamente, no caso dos machos, enquanto no caso das fêmeas foram de 22,43±1,21 mm e 6,03±0,18 mm, durante o primeiro ano e durante o segundo ano, 21,33±1,08 mm e 5,85±0,17 mm, respetivamente. A duração média da fase de pupa foi de 14,29±1,22 e 12,50±1,84 dias no ano respetivo.

Adulto

O comprimento e a largura médios (com as asas abertas) do macho foram de 18,07±0,82 mm e 34,57±1,84 mm, respetivamente, durante 2011-12 e 17,49±0,64 mm e 33,92±1,62 mm, respetivamente, durante 2012-13. Por outro lado, as fêmeas mediram em média 20,96±1,23 e 19,53 mm de comprimento e 40,14±1,42 e 40,05 mm de largura, respetivamente (com as asas abertas), o que indica que os machos são mais pequenos do que as fêmeas (Quadro 1). A duração média da fase adulta dos machos foi de 48,70±5,16 e 46,80±4,37 dias e a das fêmeas foi de 50,00±5,87 e 49,10±5,45 dias no ano respetivo.

Períodos de pré-oviposição, oviposição e pós-oviposição

O número médio de ovos postos por uma fêmea de *H. armigera* foi de 1116,00±316,19 e 992,50±280,31, respetivamente, em ambos os anos. O período médio de pré-oviposição foi de 2,50±0,53 e 3,40±0,52 dias, respetivamente, em ambos os anos. Os períodos médios de oviposição e pós-oviposição foram de 4,70±0,83 e 1,40±0,52 dias durante o primeiro ano e, durante o segundo ano, de 5,80±0,92 e 1,50±0,53 dias, respetivamente. A percentagem média de eclosão dos ovos foi de 68,35±3,97 e 59,10±4,38 dias, respetivamente, em ambos os anos.

As presentes conclusões também são apoiadas por Bhatt e Patel (2001) que estudaram a biologia de *H. armigera* à temperatura ambiente durante dezembro de 1998 a fevereiro de 1999. Havia seis instares larvais e o período larvar foi de 20,60± 1,78 dias, enquanto o período pupal foi de 16,21± 1,40 dias. A longevidade média dos machos foi de 9,15± 0,90 dias, enquanto a das fêmeas foi de 11,40± 0,91 dias. A duração da vida total (do ovo até à morte do adulto) para os machos foi de 50,9± 4,89 dias, enquanto que para as fêmeas foi de 53,90± 5,41 dias. O número médio de ovos postos pela fêmea foi de 990,70± 127,40. A percentagem de eclosão dos ovos foi de 90,89± 5,23. Os períodos de pré-oviposição, oviposição e pós-oviposição foram de 2,85± 0,65, 7,5± 0,86 e 1,10± 0,54 dias, respetivamente. A proporção de machos e fêmeas foi de 1: 0,81. Borah e Dutta (2002) relataram que os ovos de *H. armigera* eclodem em 3,39 dias. A broca da vagem tem seis instares larvais e as larvas levam 19,77 dias para completar o seu desenvolvimento. Os períodos pré-pupal e pupal são de 2,28 e 14,27 dias, respetivamente. A traça fêmea vive comparativamente mais tempo (8,66 dias) do que o macho (6,38 dias). A relação sexual entre machos e fêmeas é de 1:1,45. Khandwe e Gujrati (2002) relataram que a biologia da broca da vagem, *Helicoverpa armigera*, em ervilha-de-angola foi estudada em laboratório. A traça fêmea pôs ovos em botões, flores e folhas de ervilha-de-angola, em pequenos lotes de 1 a 10. O período médio de incubação, larvar, pré-pupal e pupal durou 3,93+ou-0,85, 18,06+ou- 0,77, 2,26+ou-0,44 e 16,66+ou-1,24 dias, respetivamente. A longevidade média dos adultos foi de 10,8+ou-1,46 dias para os machos e de 13,4+ou-1,08 dias para as fêmeas. O ciclo de vida médio durou 40,51+ou-3,30 dias. Hossain *et al.*, (2007) os períodos de pré-oviposição, oviposição e pós-oviposição foram de 2,25+ou-0,19, 3,45+ou-0,23 e 1,15+ou-0,08 dias, respetivamente. As fêmeas puseram 680-1620 ovos individualmente ou 2-6 ovos num cacho à noite durante 3,45 dias de período de oviposição. A percentagem de eclosão dos ovos foi de 85,77+ou-5,19. O período de incubação dos ovos variou de 2-4 dias. A larva passou por seis instares e as durações das larvas de 1°, 2°, 3°, 4°, 5° e 6° instares foram de 2-4, 2-4, 2-3, 1-3, 1-3 e 1-2 dias, respetivamente. O comprimento e a largura das larvas adultas variaram 25,0-36,0 mm e 4,0-5,5 mm, respetivamente. Foi necessário um período de 10-15 e 9-14 dias para completar as fases de larva e pupa, respetivamente. A longevidade dos machos e das fêmeas variou entre 3-5 e 4-9 dias, respetivamente. O macho e a fêmea completaram o seu período de vida (ovo até à morte do adulto) entre 28-33 dias e 29-36 dias, respetivamente. A proporção entre machos e fêmeas foi de 1:0,76.

9. **Inimigos naturais que afectam a população de *H. armigera***

A. **Parasitismo larvar**

c. Instar inicial (I-III)

Durante o primeiro ano, a mortalidade larvar total de 33,33 por cento foi mais elevada no 5th SW, entre estes a mortalidade de 16,67 por cento pelo parasitoide *Campoletis chlorideae* e 16,67 por cento foi registada por causa desconhecida e a mortalidade média agrupada foi de 21,03 por cento. Durante o segundo ano de 2012-13, a mortalidade de *H. armigera* foi iniciada de 47 SW a 14 SW. A mortalidade máxima foi registada em 40,00 por cento (dos 40,00 por cento de mortalidade, 20,00 por cento foram causados pelo HaNPV e os restantes 20,00 por cento por *Campoletis chlorideae* no 2nd SW. A mortalidade média combinada de foi registada em 22,78% durante 2012-13.

Por HaNPV

A infestação por HaNPV foi iniciada em 48 SW com 12,50 por cento de parasitismo na fase inicial, mas o máximo foi registado em 51 SW (dezembro) com 14,29 por cento e continuou até à primeira semana de abril e o parasitismo médio por Ha NPV 6,13 foi observado durante o primeiro ano. A parasitação por HaNPV foi iniciada durante o 2º ^{segundo} ano em 48 SW com 12,50 por cento de parasitação na fase inicial, mas o máximo foi registado no 2º ^{segundo} SW (janeiro) com 20,00 por cento e continuou até à última semana de março. Registou-se uma parasitagem média de 6,76 por Ha NPV.

Por *Campoletis chlorideae*

A parasitagem de larvas de *H. armigera* por *C. chlorideae* na fase inicial variou de 6,67 a 25,00 por cento durante 2011-12. A atividade de parasitismo começou na última semana de novembro com 12,50 por cento de parasitismo e atingiu o máximo na última semana de dezembro (52 SW) 25,00 por cento durante o primeiro ano de 2011-12. Durante o ^{segundo} ano, a parasitagem foi de 5,00-25,00 por cento, registada em 212-13. A atividade de parasitismo foi mais elevada na ^{3a} semana de janeiro (3 SW) com 25,00 por cento de parasitismo no segundo ano. O agrupamento de parasitismo por *C. Chlorideae* foi registado em 10,25 por cento e 13,24 por cento nos respectivos anos. A mortalidade de causa desconhecida foi mais elevada em 47 SW (novembro) com 20,00 por cento no primeiro ano e 10,00 por cento no segundo ano em Ist SW (janeiro). A mortalidade conjunta por causas desconhecidas foi de 4,65% no primeiro ano e de 2,78% no segundo ano.

d. Instar tardio (IV-V)

A mortalidade total (por cento de parasitação por mosca Tachinid e mortalidade de causa desconhecida) de larvas *de H. armigera* foi iniciada a partir de 47 SW (^{3a} semana de novembro) com 25,00 por cento de mortalidade durante o primeiro ano e durante o ^{2º} ano 33,33 por cento na mesma semana. A mortalidade máxima foi registada em 51 SW e 52 SW (dezembro) com 33,33 por cento (destes, 16,67 por cento foram observados pela mosca taquinídea e 16,67 por cento por causas desconhecidas) em 2011-12 e 40,00 por cento (de 40,00 por cento, 30,00 por cento foram observados pela mosca taquinídea e 10,00 por cento por causas desconhecidas) em 52 (Dez) SW durante o 2.º ano de 2012-13. No entanto, a mortalidade conjunta foi registada em 17,300% no primeiro ano e 18,49% no segundo ano.

Parasitismo por tachinídeos

A parasitagem de larvas de instar tardio de *H. armigera* por Tachinid foi iniciada a partir de 47 SW com 25,00 por cento de parasitagem e continuou na primeira semana de abril com 12,50 por cento de parasitagem, mas o valor mais alto de 33,33 por cento foi registado na semana padrão 52 durante o primeiro ano. Durante o 2º segundo ano observou-se o valor mais alto de 33,33% em 52 SW durante o primeiro ano e também se registou 33,33% na 3ª terceira SW (janeiro) e a parasitação continuou até à segunda semana de abril durante o segundo ano. A média de parasitismo devido à mosca taquinídea variou de 6,67 a 33,33 durante os dois anos. A mortalidade combinada por parasitismo da mosca Tachinid foi observada em 12,77% dos 17,30% de mortalidade durante o primeiro ano e 12,58% dos 18,49% de mortalidade foram observados durante o segundo ano. Os outros factores de mortalidade eram desconhecidos. A mortalidade por fator desconhecido teve início em dezembro (49 SW) e março (11 SW) durante o primeiro ano e de 49 SW a 12 SW durante o segundo ano. O máximo de 16,67% em 51 SW em janeiro de 2011-12 e 14,29 em Ist SW foi registado em 2012-13.

Os resultados acima apresentados também são apoiados pela extensão da parasitização de larvas *de H. armigera* devido a *C. chlorideae*, que variou entre 9,0-37,3% durante 1999-2000 e 511% durante 2000-2001 em Pantnagar (Rai *et al.*, 2003). Devi *et al.* (2002) observaram 5 parasitóides associados a esta praga e entre eles *C. chlorideae* foi o mais importante causando 0,18 a 23,81 por cento de parasitismo de março a maio. Kaushal *et al.* (1999) registaram 34,2% de parasitismo de larvas *de H. armigera* por C. *chlorideae* num campo de cravos em Naumi, Himachal Pradesh. Kaur *et al.* (2000) referiram que a parasitagem de larvas *de H. armigera* por *C. chloridae* variava entre 0,98 e 68,50 por cento durante toda a época de cultivo, sendo mais elevada durante a terceira semana de fevereiro de 1999, quando a temperatura média mínima e a humidade relativa eram de 11,9^{0} C e 95 por cento, respetivamente. Gupta e Deshraj (2003) estudaram a extensão do parasitismo e a atividade sazonal de *C. chlorideae* no ecossistema de grão-de-bico das colinas mais baixas de Himachal Pradesh e encontraram 4,5-32,0 por cento de parasitismo nas larvas, sendo o máximo no 4.ºinstar. O parasitoide estava ativo desde a última semana de março até à primeira semana de maio e a sua atividade cessava quando a temperatura atingia mais de 40 °C. Pandey e Kumar (2006) referiram que o parasitismo devido a *C. chlorideae* nas larvas de *H. armigera* colhidas em campos de gramíneas em Kanpur variava entre 25,0 e 59,2 %, com um parasitismo máximo de 59,2 % quando as larvas eram colhidas a 15 de novembro. Singh e Battu (2006) relataram que *C. chlorideae* foi o único parasitoide detectado, causando 20,9± 2,9, 24,9± 1,8, 20,0 e 25,9 por cento de mortalidade natural de larvas *de H. armigera*

(377 No.) colhidas em culturas de grão-de-bico, *trevos egípcios*, girassol e tomate em Ludhiana, entre janeiro de 1998 e maio de 1999, e o parasitismo natural médio variou entre 22,3± 3,7 por cento em 1998 e 22,9± 2,4 por cento em 1999, independentemente dos campos visitados em diferentes agro-ecossistemas. Bisane e Katole (2008) referiram que a parasitagem mais elevada (15,58%) foi registada devido a *Eriborus argentopilosus* seguido de *Compoletis chlorideae* (5,53%). Nas larvas maiores e pré-pupais, a Tachnidfly causou 7,37 e 5,28% de parasitismo, respetivamente. Além disso, a doença causada pelo HaNPV contribuiu para uma redução de 2,52 e 0,49 por cento das larvas maiores e mais pequenas, respetivamente.

B. Parasitismo pupal

A mortalidade total (parasitação por mosca taquinídea mais mortalidade de causa desconhecida) de pupas *de H. armigera* começou em 47 SW com 33,33 por cento de mortalidade e continuou para 51 SW com 25,00 por cento de parasitação durante 2011-12. Durante o segundo ano de 2012-13, a mortalidade de pupas começou em 45 SW e continuou até 2nd SW com mortalidade variada de 20,00 a 50,00 por cento A mortalidade máxima da população de pupas de *Helicoverpa armigera* foi registada em 30,00 por cento (20,00 por cento por mosca Tachinid e 10.00 por cento por causa desconhecida) em dezembro (6 SW) e uma mortalidade média de 21,31 por cento registada durante o primeiro ano e durante o segundo ano 50,00 por cento em janeiro (2 SW) seguido de 40,00 por cento em fevereiro (8 SW) e uma mortalidade média de 20,68 por cento registada.

Parasitismo de pupas por tachinídeos

A parasitagem de pupas *de H. armigera* pela mosca Tachinid foi observada de novembro a março durante os dois anos. O pico de infestação foi registado em 51 SW e 5 SW com 25,00 por cento de mortalidade durante o primeiro ano. Durante o segundo ano, a mortalidade máxima causada pela parasitação da mosca Tachinid em pupas de *H. armigera* foi observada em janeiro (2 SW) com 50,00 por cento seguido de dezembro (51 SW) com 23,00 por cento de parasitação. A mortalidade média durante o primeiro ano foi de 12,04 por cento e de 13,08 por cento durante o segundo ano. A mortalidade mais elevada devido a factores desconhecidos foi registada em 12,00 por cento em 6, 7 e 12 SW e 20,00 por cento em 8 SW, respetivamente nos anos de 2011-12 e 2012-13. A mortalidade média foi de 3,38 e 7,04 nos respectivos anos. A mortalidade devida à parasitação de pupas da mosca taquinídea foi de cerca de um terço do quarto durante o primeiro ano e dois e meio do quarto da mortalidade total foram registados durante o segundo ano, desconhecendo-se outros factores de mortalidade. Não foi encontrado nenhum parasitoide associado à fase de pupa de *H. armigera*; no entanto, Bisane e Deotale (2008) referiram que uma mosca taquinídea provocou uma redução de 14,94 a 20,0 por cento na população de *H armigera* ao parasitá-la na fase de pupa.

10. **Módulos IPM eficazes contra *H. armigera* na cultura do grão-de-bico.**

C. Com base na intensidade

O efeito médio (agrupado) de todos os módulos mostrou um melhor efeito em comparação com as parcelas de controlo (Não-IPM). Entre estes módulos, o cultivo intercalar (Grão-de-bico 3: Semente de linhaça: 1) - recolha e destruição de larvas - pulverização de indoxacarb foi considerado o mais eficaz, com uma intensidade mínima de larvas de 0,73/planta, e foi estatisticamente igual ao cultivo intercalar (Grão-de-bico 3: Semente de linhaça: 1) - pulverização de indoxacarb 14.5 SC (1,20 larvas/planta) e Intercropping (Grão-de-bico 3: Semente de linhaça: 1)-coleção e destruição - NSKE @ 5 % (1,47 larvas/planta) seguido de Intercropping (Grão-de-bico 3: Semente de linhaça: 1)-coleção e destruição larvas NPV 250 LE, 2,13 larvas/planta. Os módulos Intercropping-Bt foram os que apresentaram menor intensidade larvar, com 5,47 larvas/planta. O efeito combinado de todos os módulos mostrou um melhor efeito em comparação com o controlo (Não-IPM). O módulo Intercropping (Grão-de-bico 3: Semente de linhaça: 1)-coleção e destruição de larvas-pulverização de Indoxacarb 14.5 SC @ 250 g/ha foi considerado um efeito remunerador com a intensidade mais baixa 0.47 larvas/planta, foi estatisticamente igual ao Intercropping (Grão-de-bico 3: Semente de linhaça: 1)-Indoxacarb 14.5 SC (0.73 larvas/planta), Intercropping (Grão-de-bico 3: Semente de linhaça: 1)-coleção e destruição de larvas-NSKE @5 %, (1.07 larvas/planta) e Intercropping (Grão-de-bico 3: Semente de linhaça: 1)-coleção e destruição NPV @ 250 LE (1.60 larvas/planta) seguida da cultura intercalar (Grão-de-bico 3: Semente de linhaça: 1)- recolha e destruição de larvas -Bt @ 1 litro/ha (2,33 larvas/planta). A cultura intercalar (Grão-de-bico 3: Semente de linhaça: 1)- Bt @1,0 litro/ha mostrou-se menos eficaz com a maior intensidade de larvas 4,33 larvas/planta.

D. Infestação de vagens

O efeito combinado (7,14,21,28 e 35 dias), Os módulos Intercropping (Chickpea 3: Linseed: 1)-collection & destruction of larvae-Indoxacarb foi considerado o efeito mais remunerador com infestação mínima de vagens 4.79 por cento foi estatisticamente a par com o cultivo intercalar (Grão-de-bico 3: Semente de linhaça: 1)-Indoxacarb 14,56 SC @ 250 g/ha (6,43 por cento) infestação de vagens e cultivo intercalar (Grão-de-bico 3: Semente de linhaça: 1)-coleção e destruição de larvas-NSKE @ 0,5 % (10,51 por cento). Seguido pelo cultivo intercalar (Grão-de-bico 3: Semente de linhaça: 1)-coleção e destruição de larvas-NPV 250 LE/ha (14,15 por cento e infestação de vagens) e cultivo intercalar (Grão-de-bico 3: Semente de linhaça: 1)-coleção e destruição de larvas-Bt @ 1 lit/ha (15,67 por cento infestação de vagens). O módulo de consórcio (Grão-de-bico 3: Semente de linhaça: 1)-Bt @ 1 lit/ha foi considerado menos eficaz com a maior informação de vagens 30,05 por cento foi estaticamente 25,68 por cento de infestação de vagens em comparação com (Não-IPM) 44,25 por cento. O efeito combinado (7,14,21,28 e 35 dias), os módulos Intercropping (Grão-de-bico 3:

Semente de linhaça: 1) - coleta e destruição de larvas-Indoxacarb foi considerado o efeito mais lucrativo com infestação mínima de vagens 3.96 por cento foi estatisticamente a par com o cultivo intercalar (Grão-de-bico 3: Semente de linhaça: 1)-Indoxacarb 14,56 SC @ 250 g/ha (6,43 por cento) infestação de vagens e cultivo intercalar (Grão-de-bico 3: Semente de linhaça: 1)-coleção e destruição de larvas-NSKE @ 0,5 (6,10 por cento). Seguido pelo cultivo intercalar (Grão-de-bico 3: Semente de linhaça: 1) - recolha e destruição de larvas-NPV 250 LE/ha (8,81 por cento e infestação de vagens) e cultivo intercalar (Grão-de-bico 3: Semente de linhaça: 1) - recolha e destruição de larvas-Bt @ 1 lit/ha (11,46 por cento de infestação de vagens). O módulo de consorciação (Grão-de-bico 3: Linhaça: 1)-Bt @ 1 lit/ha foi considerado menos eficaz com a maior informação de vagens 28,00 por cento de infestação de vagens em comparação com (Não-IPM) 44,25 por cento.

Rendimento do grão-de-bico

O módulo de Intercropping (Grão-de-bico 3: Semente de linhaça: 1)-coleta e destruição de larvas-Indoxacarb foi considerado remunerador com maior rendimento 21.15 q/ha seguido por Intercropping (Grão-de-bico 3: Semente de linhaça: 1)-Indoxacarb 14.5 SC @ 250 g/ha (17.10 q/ha). O módulo de consorciação (Grão-de-bico 3: Linhaça: 1)-Bt @ 1 lit/ha foi considerado menos eficaz com rendimento mínimo de grão-de-bico 10.70q/ha em comparação com (Não-IPM) 8.90q/ha durante o primeiro ano Rabi 2011-12. Durante o segundo ano de Rabi 2012-13, a cultura intercalar (Grão-de-bico 3: Semente de linhaça: 1) - recolha e destruição de larvas - indoxacarb foi considerada mais eficaz com um rendimento máximo de 18,75 q/ha seguido da cultura intercalar (Grão-de-bico 3: Semente de linhaça: 1) - indoxacarb 14,5 SC @ 250 g/ha (15,05 q/ha). O módulo de intercalação (Grão-de-bico 3: Linhaça: 1)-Bt @ 1 lit/ha foi considerado menos eficaz com um rendimento mínimo de grão-de-bico de 8,65 q/ha em comparação com (Não-IPM) 7,75 q/ha.

Economia dos tratamentos insecticidas

Os resultados mostram que a aplicação da cultura intercalar (Grão-de-bico 3: Semente de linhaça: 1) - recolha e destruição de larvas - módulo de indoxacarbe foi considerada a mais económica, com o rácio custo-benefício mais elevado de 1: 9,86 durante o primeiro ano. A cultura intercalar (Grão-de-bico 3: Semente de linhaça: 1) - recolha e destruição de larvas - o módulo de indoxacarb foi considerado o mais económico, com uma relação custo-benefício máxima de 1: 8,85 durante o segundo ano.

Os resultados da experiência também foram apoiados por Katole *et al.* (2000), que avaliaram a eficácia do extrato de sementes de Neem, do estrume de vaca, da urina (5,0%) e do Endosulfan (0,03%) em diferentes módulos de gestão integrada contra *H. armigera* (Hub.) no grão-de-bico, em condições de campo. NSE (5%) + Endosulfan (0,035%) e NSE (5%) sozinho com duas aplicações em intervalos de 15 dias a partir de 50% de floração, foram os tratamentos mais eficazes e económicos na gestão de *H. armigera.* O esterco de vaca e a urina foram ineficazes. Singh e Sharma (2001) testaram a eficácia de quatro módulos de GIP em Durgapura, em condições de regadio, para a gestão da *H. armigera* no grão-de-bico. Cada módulo consistiu em duas aplicações quinzenais com início a 50 por cento da floração. Foram observados danos mínimos (5,60 por cento) e rendimento máximo de grãos em M-1 (Ha NPV-Bt subs. Kurstaki), que foi estatisticamente igual a M-2 (Ha NPV - endosulfan), tanto em termos de danos nas vagens como de rendimento. O controlo padrão (duas pulverizações de endossulfão) foi mais eficaz do que M-3 (HaNPV seguido de Numbecidina) e M-4 (duas pulverizações de HaNPV + endossulfão) no que diz respeito à proteção e produção do grão-de-bico. Dhingra *et al.* (2003) avaliaram uma mistura de insecticidas diferentes contra larvas de *H. armigera* de 3.ºinstar e registaram 83,3% de mortalidade larvar 72 após o tratamento, quando a mistura era. Spinosad + Ha NPV e Spinosad + Ha NPV + Spicturin. Gowda *et al.* (2003) avaliaram o módulo de GIP de base biointensiva com um módulo de GIP de base pesticida constituído por Methonyl (0,30 kg/ha + endosulfan (1 litro/ha) + acefato) contra *H. armigera* em grão-de-bico, enquanto os módulos de GIP biointensivo incluíam (Ha NPV @ 250 LE/ha + 5% NSKE e Ha NPV + NsKE + Ha NPV). Os danos nas vagens foram mais baixos (9,98%) no módulo de GIP à base de pesticidas, seguidos pelo módulo de GIP bio-intensivo (19,29%). Foi registado um rendimento de grãos significativamente mais elevado no módulo IPM à base de pesticidas. A eficácia do indoxacarb (47 g/ha), spinosad (30 g/ha), beta-ciflutrina (7,81 g/ha), thiodicarb (469 g/ha), methomyl (125 g/ha), alanycarb (281 g/ha) e endosulfan (438 g/ha) foi testada contra *H. armigera.* Os resultados mostraram que o Spinosad proporcionou a redução máxima da população de larvas (Karabhantanal e Awaknavar, 2004). Chandel *et al.* (2006) avaliaram a eficácia do VAL em associação com produtos botânicos contra *a H. armigera* e relataram um efeito aditivo do VAL com produtos botânicos muito encorajador, sendo 27,1 contra 50 por cento no controlo. Singh *et al.* (2006) avaliaram os diferentes módulos de IPM, incluindo endosulfan, óleo de neem Ha NPV e Bt, e três pulverizações de endosulfan foram consideradas mais eficazes para controlar a broca da vagem da grama (6,83% de danos na vagem), resultando no rendimento máximo de grãos. Seguiu-se o módulo de óleo de neem, Ha NPV e endosulfan (7,92%) de danos nas vagens com 2267 kg ha^{-1} de rendimento. O CBR máximo (4,14) foi registado nas três pulverizações de endosulfan. Sharma *et al.* (2007) demonstraram e validaram vários módulos de GIP para a gestão de *H. armigera* nas aldeias de Astha e Nawandi, em Maharashtra, e indicaram que a população de larvas *de H. armigera* era consistentemente baixa nos campos de GIP (1,08 m^{-1}) em comparação com a prática dos agricultores (1,85 m^{-1}), resultando subsequentemente num nível mais baixo de danos nas vagens no GIP (5,37%) do que na prática dos agricultores (16,15 m^{-1}). A aplicação de HaNPV isolado e HaNPV + Endosulfan foram equivalentes e abrigaram, respetivamente, 3,24 e 3,22 larvas m^{-1} linha e registaram danos nas vagens de 17,6 e 18,8 por cento. Yadav e Sharma (2010) avaliaram os componentes do MIP contra *Helicoverpa armigera* nos campos dos agricultores durante as colheitas de 2007-08. Os componentes do pacote IPM, nomeadamente a colocação de poleiros para pássaros @ 50/ha para incentivar aves predadoras, BTk @ 1,0 kg/ha e endosulfan 35 EC @ 0,07%, foram utilizados em parcelas de pelo menos 4000 m2. A população mínima de *H. armigera* foi registada no bloco IPM (1,38 larvas/m de comprimento de linha) em relação à prática dos agricultores (3,27 larvas/m de comprimento de linha). A incidência de *H. armigera* foi reduzida para 57,80% na prática recomendada. O rendimento de grãos aumentou (26,24%) nas práticas recomendadas em relação à prática dos agricultores e também foi obtido um retorno líquido adicional de Rs. 7245/ha.

CAPÍTULO-VI RESUMO E CONCLUSÃO

As investigações sobre "Estudos sobre a abundância sazonal, a biologia, os inimigos naturais e a avaliação dos módulos de gestão integrada contra *Helicoverpa armigera* (Hubner) na cultura do grão-de-bico" foram efectuadas na Student Research Farm, Nawabganj, bem como no laboratório do Departamento de Entomologia da C. S. Azad University of Agriculture and Technology, Kanpur. As experiências foram realizadas durante as épocas Rabi de 2011-12 e 2012-13, para registar a incidência sazonal da broca da vagem da grama em função da temperatura mínima e máxima, da humidade relativa e da precipitação, enquanto as experiências sobre a biologia da *H. armigera,* o estudo dos inimigos naturais que afectam a população de *H. armigera* e a sua gestão mais segura (gestão integrada das pragas) foram realizadas em ambos os locais nas épocas seguintes. As caraterísticas salientes dos resultados sobre vários aspectos são as seguintes:

- A ocorrência da broca da vagem da grama começou a partir da 2ª semana de novembro (47ª SW) com 0,17 larvas/planta e continuou até à fase de colheita da cultura (1ª semana de abril). Foi mais grave na primeira semana de março (9 th SW) quando a intensidade da broca da vagem foi de 2,07 larvas/planta durante o primeiro ano e durante o segundo ano, foi o pico na terceira semana de março (11 th SW) quando a intensidade da broca da vagem foi de 1,40 larvas/planta. Houve um declínio contínuo na sua intensidade, com o início da fase de frutificação na 2ª semana de abril.

- A taxa de multiplicação atingiu um máximo de 0,13 larvas/dia durante a 8.ª semana padrão e diminuiu subsequentemente na primeira semana de abril de 2011-12. A taxa de multiplicação atingiu um máximo de 0,07 larvas/dia durante a 49.ª semana padrão.

- A infestação da praga atingiu o máximo de 29,27% na primeira semana de março durante o primeiro ano. Durante o segundo ano, a infestação atingiu o máximo de 29,27% na última semana de março.

- A taxa de multiplicação atingiu um máximo de 0,39 por cento de infestação de vagens/dia durante a 7ª semana padrão e 0,69 por cento de infestação de vagens/dia durante a 7ª semana padrão durante ambos os anos.

- No que diz respeito à correlação entre a população larvar e os factores ambientais, verificou-se um efeito negativo da temperatura máxima e mínima na população larvar da broca da vagem do grão-de-bico e a humidade relativa e a precipitação mostraram um papel positivo na população larvar durante os dois anos.

- A temperatura mínima, a temperatura máxima e a precipitação tiveram um impacto significativamente positivo na taxa de multiplicação da população de larvas na cultura do grão-de-bico e a humidade relativa teve um papel negativo na multiplicação em ambos os anos de experiências.

- A temperatura mínima e máxima tiveram um papel significativamente negativo na infestação de vagens , enquanto a humidade relativa e a precipitação tiveram um impacto positivo na sua infestação durante a Rabi 2011-12. Durante 2012-13, a temperatura mínima e a precipitação mostraram um efeito positivo na infestação de vagens e a temperatura máxima e a humidade relativa mostraram um papel negativo na infestação de vagens.

- A temperatura mínima e a temperatura máxima e a precipitação tiveram um impacto significativamente positivo na taxa de multiplicação da infestação de vagens na cultura do grão-de-bico e a humidade relativa teve um papel negativo na multiplicação em ambos os anos de experiências.

- O comprimento e a largura médios dos ovos foram de 0,51±0,06 mm e 0,47±0,03 mm, respetivamente, em 2011-12 (quadro). Durante 2012-13, o comprimento médio e a largura do ovo foram de 0,50±0,05 mm e 0,45±0,02 mm, respetivamente, durante 2012-13. O período médio de incubação foi registado como 4,50 ±0,53 e 5,00 ±0,81 dias nos respectivos anos.

- O comprimento e a largura médios da larva do primeiro, segundo, terceiro, quarto, quinto e sexto instar foram de 1,30±0,09 e 0,42±0,02 mm, 3,25±0,16 e 3,37±0,73 mm, 7,81±0.55 e 2,40 ± 0,20 mm, 10,74 ± 1,87 e 2,76 ± 0,20 mm, 18,93 ± 1,86 e 3,29 ± 0,17 mm, 31,6 ± 0,60 e 4,07 ± 0,015 mm, nos respectivos diasdurante o primeiro ano de 2011-12 notado. Durante o segundo ano de 2012-13, o comprimento médio da larva de primeiro, segundo, terceiro, quarto, quinto e sexto instar foi de 1,29±0,08 mm, 3,18±0,11 mm, 7,20±0,54 mm 10,08±0,71 mm, 19,27±1,62mm, 31,56±0.73 mm, nos respectivos dias, e a largura média da larva de primeiro, segundo, terceiro, quarto, quinto e sexto instar foi de 0,39±0,02 mm, 0,69±0,07 mm, 2,12±0,09 mm, 2,41±0,15 mm, 3,08±0,19 mm e 3,86±0,20 nos respectivos dias. O período total de desenvolvimento larvar foi, em média, de 21,30±2,06 e 20,00±1,49 dias.

- O comprimento e a largura médios da fase pré-pupal foram de 24,05±2,12 mm e 4,48±0,36 mm, respetivamente, durante o primeiro ano e, durante o segundo ano, o comprimento e a largura médios da fase pré-pupal foram de 24,63±2,00 mm e 4,23±0,47 mm, respetivamente (Quadro 1). A duração média da fase pré-pupal foi de 1,90±0,87 e 1,90±0,73 dias no ano respetivo (Tabela 2).

- O comprimento e a largura médios da pupa foram de 20,02±1,24 mm e 5,61±0,37 mm, durante o primeiro ano e durante o segundo ano, 20,02±1,42 mm e 5,48±0,37 mm, respetivamente, no caso dos machos, enquanto no caso das fêmeas foram de 22,43±1,21 mm e 6,03±0,18 mm, durante o primeiro ano e durante o segundo ano, 21,33±1,08 mm e 5,85±0,17 mm, respetivamente. A duração média da fase de pupa foi de 14,29±1,22 e 12,50±1,84 dias no ano respetivo.

- O comprimento e a largura médios (com as asas abertas) do macho foram de 18,07±0,82 mm e 34,57±1,84 mm, respetivamente, durante 2011-12 e 17,49±0,64 mm e 33,92±1,62 mm, respetivamente, durante 2012-13. As fêmeas mediram, em média, 20,96±1,23 e 19,53 mm de comprimento e 40,14±1,42 e 40,05 mm de envergadura, respetivamente (com as asas abertas), o que indica que os machos são mais pequenos do que as fêmeas (Quadro 1). A duração média da fase adulta dos machos foi de 48,70±5,16 e 46,80±4,37 dias e a das fêmeas foi de 50,00±5,87 e 49,10±5,45 dias, respetivamente, no ano em questão.

- O número médio de ovos postos por uma fêmea de *H.* armigera *foi de* 1116,00±316,19 e 992,50±280,31, respetivamente, em ambos os anos. O período médio de pré-oviposição foi de 2,50±0,53 e 3,40±0,52 dias, respetivamente, em ambos os anos. Os períodos médios de oviposição e pós-oviposição foram 4,70±0,83 e 1,40±0,52 dias durante o primeiro ano e durante o segundo ano 5,80±0,92 e

1,50±0,53 dias, respetivamente (Tabela 3). A percentagem média de eclosão dos ovos foi de 68,35±3,97 e 59,10±4,38 dias, respetivamente, em ambos os anos.

- Durante o primeiro ano, a mortalidade larvar total de 33,33 por cento foi mais elevada no 5th SW, entre estes a mortalidade de 16,67 por cento pelo parasitoide *Campoletis chlorideae* e 16,67 por cento foi registada por causa desconhecida e a mortalidade média agrupada foi de 21,03 por cento. Durante o segundo ano de 2012-13, a mortalidade máxima foi registada em 40,00 por cento (dos 40,00 por cento de mortalidade, 20,00 por cento foram causados pelo HaNPV e os restantes 20,00 por cento por *Campoletis chlorideae* no 2nd SW. A mortalidade média combinada de foi registada em 22,78% durante 2012-13.

- A parasitação pelo HaNPV foi iniciada em 48 SW com 12,50 por cento de parasitação na fase inicial e alcançada em 51 SW (dezembro) com 14,29 por cento durante o primeiro ano. Durante o ^{segundo} ano, a parasitagem máxima foi registada no ^{segundo} SW (janeiro) com 20,00 por cento e continuou até à última semana de março. A média de parasitismo por Ha NPV foi de 6,76.

- A parasitagem de larvas de *H. armigera* por *C. chlorideae* na fase inicial variou de 6,67 a 25,00 por cento durante 2011-12. A parasitagem foi mais elevada na última semana de dezembro (52 SW) 25,00 por cento durante o primeiro ano de 2011-12. Durante o ^{segundo} ano, a atividade de parasitismo foi mais elevada na ^{terceira} semana de janeiro (3 SW) com 25,00 por cento de parasitismo no segundo ano. O agrupamento de parasitismo por *C. Chlorideae* foi registado em 10,25 por cento e 13,24 por cento nos respectivos anos.

- A mortalidade por causas desconhecidas foi mais elevada em 47 SW (novembro), com 20,00 por cento no primeiro ano e 10,00 por cento no segundo ano em Ist SW (janeiro). A mortalidade conjunta por causas desconhecidas foi de 4,65% no primeiro ano e de 2,78% no segundo ano.

- A mortalidade máxima foi registada em 51 SW e 52 SW (dezembro) com 33,33 por cento (destes, 16,67 por cento foram observados pela mosca Tachinid e 16,67 por cento por causas desconhecidas) em 2011-12 e 40,00 por cento (de 40,00 por cento, 30,00 por cento foram observados pela mosca Tachinids e 10,00 por cento por causas desconhecidas) em 52 (Dez) SW durante o 2° ano de 2012-13. No entanto, a mortalidade combinada foi registada em 17,300% no primeiro ano e 18,49% no segundo ano.

- A parasitização de larvas de instar tardio de *H. armigera* por Tachinid foi a mais alta 33,33% foi registada em 52 semanas padrão durante o primeiro ano e durante o 2° segundo ano a mais alta 33,33% em 52 SW durante o segundo ano. A mortalidade conjunta por parasitismo da mosca Tachinid foi registada em 12,77% dos 17,30% de mortalidade durante o primeiro ano e em 12,58% dos 18,49% de mortalidade durante o segundo ano.

- A mortalidade por factores desconhecidos foi máxima, 16,67% em 51 SW em janeiro de 2011-12 e 14,29 em Ist SW em 2012-13.

- A mortalidade máxima da população de pupas de *Helicoverpa armigera* foi registada em 30,00 por cento (20,00 por cento por mosca Tachinid e 10,00 por cento por causa desconhecida) em dezembro (6 SW) e a mortalidade média foi de 21,31 por cento registada durante o primeiro ano e durante o segundo ano 50,00 por cento em janeiro (2 SW) seguido de 40,00 por cento em fevereiro (8 SW) e a mortalidade média foi de 20,68 por cento registada.

- A parasitização de pupas *de H. armigera* pela mosca Tachinid foi o pico de infestação observado em 51 SW e 5 SW com 25,00 por cento de mortalidade durante o primeiro ano e durante o segundo ano, a mortalidade máxima foi causada pela parasitização da mosca Tachinid em pupas de *H. armigera* foi observada em janeiro (2 SW) com 50,00 por cento.

- A mortalidade mais elevada devido a factores desconhecidos foi registada em 12,00 por cento em 6, 7 e 12 SW e em 20,00 por cento em 8 SW, respetivamente nos anos de 2011-12 e 2012-13. Foram observadas mortalidades médias de 3,38 e 7,04 nos respectivos anos. A mortalidade devida à parasitação por pupas da mosca taquinídea foi de cerca de um terço de um quarto durante o primeiro ano e dois e meio de um quarto da mortalidade total foram registados durante o segundo ano, desconhecendo-se outros factores de mortalidade.

- O efeito médio (agrupado) de todos os módulos mostrou um melhor efeito em comparação com as parcelas de controlo (Não-IPM). Entre estes módulos, o Intercropping (Grão-de-bico 3: Semente de linhaça: 1) - recolha e destruição de larvas - pulverização de Indoxacarb foi considerado mais eficaz com uma intensidade mínima de larvas de 0.73/planta e foi estatisticamente igual ao Intercropping (Grão-de-bico 3: Semente de linhaça: 1) - pulverização de Indoxacarb 14,5 SC (1,20 larvas/planta) e Intercropping (Grão-de-bico 3: Semente de linhaça: 1) - recolha e destruição -NSKE @ 5 % (1,47 larvas/planta). Os módulos Intercropping-Bt foram os que apresentaram menor intensidade de larvas, 5,47 larvas/planta.

- O módulo Intercropping (Chickpea 3: Linseed: 1)-coleção & destruição de larvas-pulverização de Indoxacarb 14.5 SC @ 250 g/ha foi encontrado efeito remunerador com intensidade mais baixa 0.47 larvas/planta foi estatístico a par com Intercropping (Chickpea 3: Linseed: 1)-Indoxacarb 14.5 SC (0.73 larvas/planta), Intercropping (Grão-de-bico 3: Semente de linhaça: 1)-coleção e destruição de larvas- NSKE @5 %, (1.07 larvas/planta) e Intercropping (Grão-de-bico 3: Semente de linhaça: 1)-coleção e destruição NPV @ 250 LE (1.60 larvas/planta). O cultivo intercalar (Grão-de-bico 3: Semente de linhaça: 1) -Bt @1,0 litro/ha mostrou-se menos eficaz com a maior intensidade de larvas 4,33 larvas/planta.

- Os módulos Intercropping (Grão-de-bico 3: Semente de linhaça: 1)-coleção &destruição de larvas-Indoxacarb foi considerado o efeito mais remunerador com infestação mínima de vagens 4.79 por cento foi estatisticamente a par com o cultivo intercalar (Grão-de-bico 3: Semente de linhaça: 1) - Indoxacarb 14,56 SC @ 250 g/ha (6,43 por cento) infestação de vagens e cultivo intercalar (Grão-de-bico 3: Semente de linhaça: 1) - recolha e destruição de larvas - NSKE @ 0,5 % (10,51 por cento).

- Os módulos "Intercropping (Chickpea 3: Linseed: 1)-collection & destruction of larvae-Indoxacarb" foram considerados os mais rentáveis, com um mínimo de infestação de vagens de 3.96 por cento foi estatisticamente a par com o cultivo intercalar (Grão-de-bico 3: Semente de linhaça: 1)-Indoxacarb 14,56 SC @ 250 g/ha (6,43 por cento) infestação de vagens e cultivo intercalar (Grão-de-bico 3: Semente de linhaça: 1)-coleção e destruição de larvas- NSKE @ 0,5 (6,10 por cento). Seguido pelo cultivo intercalar (Grão-de-bico 3: Semente de linhaça: 1)-coleção e destruição de larvas-NPV 250 LE/ha (8,81 por cento e infestação de vagens) e cultivo intercalar (Grão-de-bico 3: Semente de linhaça: 1)-coleção e destruição de larvas-Bt @ 1 lit/ha (11,46 por cento infestação de vagens). O módulo de consorciação (Grão-de-bico 3: Semente de linhaça: 1)-Bt @ 1 lit/ha foi considerado menos eficaz com a maior informação de vagens 28,00 por cento de infestação de vagens em comparação com (Não-IPM) 44,25 por cento.

- O módulo de Intercropping (Grão-de-bico 3: Semente de linhaça: 1) - recolha e destruição de larvas - indoxacarb foi considerado remunerador com o maior rendimento 21,15 q/ha durante o primeiro ano Rabi 2011-12 e durante o segundo ano Rabi 2012-13, 18,75 q/ha foram registados pelo mesmo módulo.

- Os resultados mostram que a aplicação da cultura intercalar (Grão-de-bico 3: Semente de linhaça: 1) - recolha e destruição de larvas - módulo de indoxacarb foi considerada a mais económica, com o rácio custo-benefício mais elevado 1: 9,86 durante o primeiro ano e 1: 8,85 durante o segundo ano.

Com base nos estudos e resultados anteriores, podem ser tiradas as seguintes conclusões gerais. A broca da vagem da grama, *Helicoverpa armigera* Hubner, foi uma das pragas mais graves do grão-de-bico nesta zona, com ocorrência regular na época de Rabi. A população máxima foi registada durante os meses de fevereiro e março, na fase de formação das vagens da cultura. No que diz respeito à relação entre a população de *H.* armigera e os factores ambientais, conclui-se que as temperaturas máxima e mínima tiveram um impacto negativo na população larvar da broca do grão-de-bico e que a humidade relativa e a precipitação tiveram um papel positivo na população larvar. A duração total da vida da broca da vagem, desde o ovo até à morte, foi completada numa média de cinquenta dias. Os três parasitóides estavam associados à fase larvar e à fase de pupa da praga e causaram uma parasitagem conjunta (*Campoletis chlorideae* e Ha NPV na fase larvar e Tachinid fly na fase de pupa). A eficácia e a economia dos módulos de gestão de pragas que compreendem os módulos Intercropping (Grão-de-bico 3: Semente de linhaça: 1) - recolha e destruição de larvas - pulverização de Indoxacarb @ 250g/ha serão ecologicamente corretos, bem como de imenso valor para aqueles que estão interessados em obter melhor qualidade e quantidade de grão-de-bico.

RESUMO

"Estudos sobre a abundância sazonal, biologia, inimigos naturais e avaliação de módulos IPM contra *Helicoverpa armigera* (Hubner) na cultura do grão-de-bico"

As investigações sobre "Estudos sobre a abundância sazonal, a biologia, os inimigos naturais e a avaliação dos módulos de GIP contra *Helicoverpa armigera* (Hubner) na cultura do grão-de-bico" foram efectuadas na quinta de investigação dos estudantes, Nawabganj, bem como no laboratório do Departamento de Entomologia da Universidade C. S. Azad de Agricultura e Tecnologia, Kanpur, durante a época de Rabi de 2011-12 e 2012-13. A broca da vagem do grão-de-bico, *Helicoverpa armigera* Hubner, foi uma das pragas mais graves do grão-de-bico nesta zona, com ocorrência regular na época de Rabi. A população máxima foi registada durante os meses de fevereiro e março, na fase de formação das vagens da cultura. No que diz respeito à correlação entre a população larvar e os factores ambientais, verificou-se um efeito negativo da temperatura máxima e mínima sobre a população larvar da broca do grão-de-bico e a humidade relativa e a precipitação mostraram um papel positivo na população larvar durante os dois anos. O número médio de ovos postos por uma fêmea de *H. armigera* foi de 750-850, o período de incubação foi de 4-5 dias, o período total de desenvolvimento larvar foi de 20-21 dias, o período pupal foi de 12-14 dias, a duração média da fase adulta masculina foi de 46-48 dias e a fase feminina de 49-50 dias. As parasitações de H. armigera no instar inicial foram afectadas por Ha NPV 21,03-22,78 por cento, *Campoletis chlorideae* 6,13-6,76 por cento, instar tardio de larvas e fase de pupa foi afetado por Tachinid fly com um 12,58-12,77 por cento, respetivamente. Os módulos de gestão com a combinação de Intercropping (Grão-de-bico 3: Linhaça: 1) - recolha e destruição de larvas - pulverização de Indoxacarb 14.5 SC @ 250g/ha, resultaram numa intensidade mínima de broca de vagem 0.47-0.73 larvas/planta, infestação de vagem 3.96-4.79 por cento e deram um rendimento máximo de 18.75-21,15 q/ha de produção de grão-de-bico e provou ser a combinação mais eficaz e que suprime a praga abaixo do nível de dano económico e será amiga do ambiente, bem como de imenso valor para aqueles que estão interessados em obter melhor qualidade e quantidade de grão-de-bico.

CAPÍTULO VII BIBLIOG RAFIA

Ahmad, R. e Chandel, S. F. 2004. Avaliação no terreno pelos agricultores do módulo IPM contra *H. armigera* que infesta o grão-de-bico. *Archives of Phytopathology and Plant Protection,* **37**(2): 133-137.

Ahmad, R. e Rai, A.B. 2005. 25 years of research on *Helicoverpa* at IIPR. Indian Institute of Pulses Research, Kanpur. Editado por Diwakar Upadhyaya. pp53.

Ali, S., Choudhary, M. K. e Kumar, R. 2010. Avaliação dos módulos IPM para uma gestão eficaz da *Helicoverpa armigera* no grão-de-bico. *Anais de Ciências da Proteção das Plantas*, **18** (2): 376-379.

Anónimo 2010. All India co-ordinated research project on chickpea, Indian institute of pulses research Kanpur.

Anynomous 2010. Relatório dos coordenadores do projeto Reunião anual do grupo (*Kharif*) 16-80 de maio. Projeto de investigação coordenado por toda a Índia sobre MullaRP. IIPR, Kanpur, pp. 11.

Bajay, D.R.; Monga, D.; Tyagi, M.P. e Meena, B.L. 2010. Dinâmica populacional de *H.armigera* em grão-de-bico, em correlação com parâmetros climáticos. *Ann. Pl. Protec. Sci.,* **18**(1):227-229.

Bantewad, S. D. e Sarode, S. V. 2000. Influência de diferentes hospedeiros na biologia de *Helicoverpa armigera* (Hubner). *Shashpa*, **7** (2): 133-136.

Bhatt M.J. e Patel, R.K. 2002. Bio-eficácia de vários insecticidas contra *H. armigera* em grão-de-bico. *Indian J. Ent.,* **64** (1): 27-34.

Bhatt, N.J. e Patel, R.K. 2001. Biologia da broca da vagem do grão-de-bico, *Helicoverpa armigera. Indian J. Ent.,* **63** (3): 255-259.

Bisane, K.D. e Deotale, R.O. 2008. Investigação sobre os principais factores de mortalidade de *H. armigera* (Hub.) em feijão-frade e grão-de-bico. *Journal of Food Legumes*, **21** (4) : 266-269.

Chand, A. e Rabindra, R.J. 2000. Eficácia do NPV aplicado com certos adjuvantes na gestão da broca da vagem da grama, *Helicoverpa armigera* (Hub.) no grão-de-bico. *Madras Agril. J.* **86** (4/6): 335-337.

Chandel, S.F., Singh, P.K. e Ahmad, R. 2006. Eficácia do NPV em associação com produtos botânicos para o controlo de *H. armigera* (Hubner) que infesta o grão-de-bico. *Ann. Pl. Protec. Sci.,* **14** (1): 30-32.

Chandel, S.F.; Singh, P.K. e Ahmad, R. 2005. Dinâmica populacional de *Helicoverpa armigera* (Hubner) e *Campoletis chlorideae* em diferentes culturas. *Ann. Pl. Protec. Sci.,* **13** (2) : 379-383.

Chandra, A., Kaushik, N.C. e Gupta, G.P. 1999. Estudos de *Bacillus thuringiensis* sobre o crescimento e desenvolvimento de *Helicoverpa armigera* Hubner. *Annl. Pl. Protec. Sci.,* **7** (2): 154-158.

Chaudhari, S.V. 2000. Parasitismo por *Senometopia illota* Curram (Diptera : Tachinidae) sobre *H. armigera* (Hubner) em feijão-frade e grão-de-bico. *Indian J. Pant. Prot.,* **28** (2) : 218-219.

Chaudhari, S.V. e Nikam, P.K. 1999. Preferência de plantas hospedeiras de *Senometopia illota* (Curran) a *H. armigera* (Hubner.) em feijão-frade e grão-de-bico. *Journal Biol. Cont.,* **13** (1/2) : 15-18.

Chundurwar, R.M., Pawar, V.M. e More, M.R. 1990. Eficácia do vírus da poliedrose nuclear em combinação com ácido bórico e ácido tânico contra *Helicoverpa armigera* no grão-de-bico. *Intern. Chickpea News Letter,* **23**: 1718.

Devi, N.S.; Singh, O.H.; Devjani, P. e Singh, T.K. 2002. Dinâmica populacional e inimigos naturais de *Helicoverpa armigera* Hubner no grão-de-bico. *Ann. Pl. Protec. Sci.,* **10** (2) : 179-183.

Dhandpani, N., Jayaraj, S. e Rabindra, R.J. 1994. Formulações de isco do vírus da poliedrose nuclear contra larvas e adultos de *H. armigera* (Hubner). *Indian Journal of experimental Biology.* **32** (4): 294-295.

Dhingra, S., Kodandaram, M.H., Hegde, R.S. e Srivastava, C. 2003. Avaliação de diferentes misturas de insecticidas contra larvas de terceiro instar de *Helicoverpa armigera* (Hubner). *Ann. Pl. Protec.* Sci., **11** (2) : 274-276.

Dubey, O.P.; Odak, S.C. e Gargav, V.P. 1995. Dinâmica populacional da broca da vagem da grama. *JNKVV Res. J.,* **27** (1) : 59-63.

Ghosh, P. K. e Premchand Prasad, D. 1986. Biologia da broca do grão-de-bico, *Heliothis armigera* (Hubner). *Boletim de Entomologia,* **27**: 2, 110-114.

Golande, S.M. e Ajri, R.S. 1997. Consumo, digestão e utilização de folhas de grama por *Helicoverpa armigera* (Hubner) tratada com o vírus da poliedrose nuclear. *J. of Maharastra Agric. Univ.,* **22** (3): 304-308.

Gowda, C.L.L. 2005. *Helicoverpa - O* problema global na gestão *da Helicoverpa*: Emerging Trends and Strategies for Future Research (Tendências emergentes e estratégias para investigação futura). (Sharma, Hari C. edc.) Oxford e IBH Publishing Co. Pvt. Ltd., Nova Deli: pp. 469.

Gowda, D.K.S., Halle, D, Tandon, P.L., Ballal, C.R., Jalali, S.K. Rabindra, R.J. 2003. Evaluation of biointensive IPM module for the management of pod borer *Helicoverpa armigera* (Hub.) in chickpea. Biological control of Lepidopteran pests (Controlo biológico de pragas de lepidópteros). *Proc. do* Simpósio em Bangalore, Índia, 347-350.

Gowda, O. K. S., Patil, B. V. e Yelshetty, S. 2008. Avaliação de diferentes módulos IPM para a gestão da broca da vagem, *Helicoverpa armigera* (Hubner) no grão-de-bico.

Gujar, G.T., Kalia, V. e Kumari, A. 2000. Bioatividade de *Bacillus thuringiensis* contra o bollworm americano, *Helicoverpa armigera* (Hubner). *Ann. Pl. Protec. Sci.*, **8** (2): 125-131.

Gulati, R. e Kaushik, H.D. 2006. Eficácia no terreno do NPV contra *Helicoverpa armigera* (Hub.) no grão-de-bico. *Ann. Pl. Protec. Sci.* **14** (1): 219-220.

Gundannavar, K.P.; Lingappa, S. e Giraddai, R.S. 2004. Abordagens biológicas para a gestão da broca da vagem no ecossistema do feijão-frade. *Karnataka J. Agri. Sci.* **17** (3) : 597-599.

Gupta, M.P. 2007. Gestão da broca da vagem da grama, *H.armigera* (Hub.) em grão-de-bico com produtos botânicos. *Natural product radiance*. **6**(5): 391-397.

Gupta, M.P. e Rawat, G.S. 2004. Avaliação de produtos de nim e das suas misturas com insecticidas contra a incidência de moscas das flores em sementes de linho. *Ann. Pl. Protec. Sci.,* **12** (1): 1-4.

Gupta, R.K. e Deshraj 2003. Extensão do parasitismo e atividade sazonal de *Compoletis chlorideae* Uchida no ecossistema de grão-de-bico das colinas baixas de Himancal Pradesh. *Indian J. Plant Prot.,* **31** (2) : 5-8.

Hossain, M. A., Haque, M. A. e Prodhan, M. Z. H. 2007. Estudos biológicos da broca da vagem, *Helicoverpa armigera* (Hubner) no grão-de-bico. *Anais da Agricultura do Bangladesh,* **11**(2): 95-105.

Hossain, M.A.; Haque, M.A. e Prodhan, M.Z.H. 2009. Incidência e gravidade dos danos da broca da vagem, *H. armigera* (Hubner) no grão-de-bico (*Cicer arietinum* L.). *Bangladesh J. Sci. Ind. Res.,* **44** (2) : 221-224.

Jadhav, R.S. e Suryavanshi, D.S. 1998. Dinâmica populacional de *H. armigera* (Hub.) no grão-de-bico. *J. Maharashtra Agric. Univ.,* **23** (1) : 82-83.

Jayarani, V.M. 1995. Avaliação de produtos *de Bacillus thuringiensis* (Berliner) para a gestão de *Plutella xylostella* (L.). *Tese de Mestrado*, Tamil Nadu Agri. Uni, Combatore.

Joshi, F.L. e Bhardwaj, S.C. 1987. Toxicidade de *Bacillus thuringiensis* e de alguns insecticidas utilizados isoladamente e em combinação contra *Spodoptera litura* (F.) que infesta a soja. *Indian J. appl. Ent.*, **1** :26-31.

Joshi, N. e Brar, K.S. 2003. Incidência da população de *H. armigera* (Hub.) na grama e sua mortalidade natural. *Insect Environment*, **9** (3) : 107-108.

Kambrekar, D. N. Somanagouda, G. Basavarajappa, M. P. Halagalimath, S. P. 2012. Efeito de diferentes dosagens de benzoato de Emamectina 5 SG e Indoxacarb 14,5 SC na broca da vagem, *Helicoverpa armigera* infestando grão-de-bico. *Legume Research,* **35**(1): 13-17.

Karabhantanal,S.S. e Awaknavar,J.S. 2004. Eficácia de alguns insecticidas contra a broca do tomate, *Helicoverpa armigera* Hubner.*Pest Management and Economic Zoology*,**12** (2) : 131-136.

Katole, S.R.; Nimbalkar, S.A.; Kolhe, A.V.; Ghuguskar, H.T. e Yadgirwar, P.V. 2000. Desempenho de alguns módulos IPM contra *Helicoverpa armigera* (Hub.) em grão-de-bico. *PKV Res. J.* **24** (1): 51-53.

Kaur, S.; Brar, K.S.; Sekhar, B.S.; Joshi, N.; Shenopmar, M. e Singh, J. 2000. Role played by *Compoletis chlorideae* Uchida in natural mortality of *H. armigera* on chickpea in Punjab *J. Biol. Control,* **14** (1) : 51-54.

Kaushal, P.; Chauhan, V. e Kumar, S.P. 1999. Inimigos naturais da broca da vagem *H. armigera* em condições. *Insect Environment*, **5** (2) : 52-53.

Kaushik, S.K. e Naresh, J.S. 1984. Population dynamics, distribution pattern and damage of *Helicoverpa. armigera* Hubner on chickpea. *Indian J. Agril. Sci.,* **54** (4): 325-328.

Khandwe, N. e Gujrati, J. P. 2002. Biologia da broca da vagem *Helicoverpa armigera* Hubner em Arhar. *Bhartiya Krishi Anusandhan Patrika*, **17** (2/3):126-131.

Krishankant, Kanaujia, K.R. e Kanaujia, S. 2007. Papel da densidade de plantas e dos factores abióticos na dinâmica populacional de *H. armigera* (Hub.) no grão-de-bico. *Ann. Pl. Protec. Sci*., **15** (2) : 303-306.

Kulkarni, K.A.; Kambrekar, D.M. e Gundannavar, K.P. 2005. Gestão de *Helicoverpa armigera* Hubner em grão-de-bico através de biopesticidas. *Karnataka J.l of Agric. Sci,* **18** (4): 1114-1116.

Kumar, H. e Kapur, A. 2003. Culturas transgénicas Bt como componente da gestão integrada das pragas. **In**: *Biotechnological Strategies in Agro-Processing,* pp. 85104. Marwaha, S.S. and Arora, J.K. (Eds.) Asiatech Publishers Inc., New Delhi.

Kumar, Pramod 2001. Complexo de pragas do feijão-de-pombo *Cajanous Cajan* (Lin) e gestão das suas principais pragas de insectos. Tese de mestrado apresentada ao C.S.A.U.A.T. Kanpur, pp. 76.

Kumawat, K.C. e Jheeba, S.S. 1999. Gestão ecológica da broca da vagem da grama, *H. armigera* (Hub.) *Ann. Pl. Protec. Sci.,* **7** (2) : 212-214.

Lal, O.P. 1996. Um surto de broca das vagens, *Helicoverpa armigera* (Hub.) em grão-de-bico no leste de Uttar Pradesh (Índia). *J. Entomological Res.,* **20** (2): 179-181.

Lal, S.S.; Yadava, C.P. e Dias, C.A.R. 1983. Seminário de toda a Índia sobre perdas de culturas devido a pragas de insectos, 7-9 de janeiro de 1983. A.P.A.U., Rajendra Nagar, Hyderabad (Índia). p-4.

Lateef, S. S. e Reed, W. 1983. Revisão das perdas de culturas por pragas de insectos no feijão bóer a nível internacional e na Índia. In *Proceedings of the International Seminar on Crop losses due to insect pests* (Eds.) by Rao. B.H.K. e Murthy, K.S.R.K. 7-9 de janeiro de 1983. Sociedade Entomológica da Índia, Hyderabad, A.P. Índia. pp. 284-291.

Mandal, S.M.A. e Sharma, B.K. 2004. Avaliação de alguns agentes de biocontrolo contra *Helicoverpa armigera* (Hub.) no grão-de-bico. *J. Plant Protec. Environ.* **1** (1&2): 30-33.

Mandal, S.M.A., Mishra, B.K. e Mishra, P.R. 2003. Eficácia e economia de alguns biopesticidas na gestão de *Helicoverpa armigera* (Hubner) no grão-de-bico. *Ann. Pl. Protec. Sci.,* **11** (2): 201-203.

Manjunath, K.; Nagalingam, B. e P. Arjuna Rao 2003. Ocorrência de *Nomuraea rileyi* em *spodoptera litura e Helicoverpa armigera* no distrito de Guntur de A.P. *Ann. Pl. Protec. Sci.,* **9**(1): 324-325.

Mehto, D. N., Singh, K. M. e Singh, R. N. 1989. Complexo de inimigos naturais do complexo de insectos-praga do grão-de-bico *Cicer arietinum* Linn. *Boletim de Entomologia,* 27 (1): 1-12.

Mishra, P.N. e Saxena, H.P. 1983. Efeitos fitotónicos dos insecticidas no feijão-frade *Cajanus cajan* (L.) Millsp. *Madras Agric. J.*, **70** (5): 309-311.

Mishra, A.K. e Srivastava, S.K. 2000. Complexo de inimigos naturais de *H. armigera* (Hub.) no distrito de Madhya Pradesh. *Agric. Sci. Digest* **20** (1): 17-20.

Mohite, A. S., Charde, P. N., Dorlikar, A. V., Dahegaonkar, U. S. e Sawarkar, A. B. 2009. Dieta artificial modificada e técnica de criação de instares iniciais para a broca da vagem da grama, *Helicoverpa armigera* (Hubner) (Lepidoptera: Noctuidae). *Journal of Entomological Research,* **33**(3): 227-232.

Mullick, S. e Singh, A.K. 2001. Effect of leguminous host plants on fecundity and longevity of *Helicoverpa armigera* (Hubner) (Lepidoptera : Noctuidae). *Entomon,* **26** (2) : 113-120.

Noorani, A.M., Shah, A.D., Jugtani, T.K. e Lohar, M.K. 1994. Eficácia de diferentes insecticidas contra a broca do grão, *Helicoverpa armigera* Hub. no grão-de-bico em condições de campo. *Sarhad J. Agric.* (*Paquistão*), **10** (2): 183186.

Noorani, A.M., Shah, A.D., Jugtani, T.K. e Lohar, M.K. 1994. Eficácia de diferentes insecticidas contra a broca do grão, *Helicoverpa armigera* Hub. no grão-de-bico em condições de campo. *Sarhad J. Agric.* (*Paquistão*), **10** (2): 183186.

Pandey, K. e Kumar, P. 2006. Parasitismo natural e broca da vagem da grama, *H. armigera* (Hub.) por inseto parasitoide *Compoletis chloridae* (Uchida). *Indian J. Ent.,* **68** (4) : 410-411.

Pandey, R. K., Singh, G. R. e Tripathi, A. 2005. Role of natural enemies on larval population of *Helicoverpa armigera* on chickpea sown on different dates (Papel dos inimigos naturais na população larvar de *Helicoverpa armigera* em grão-de-bico semeado em diferentes datas). *Shashpa*, **12**(1): 35-37.

Patel, C.C. e Koshiya, D.J. 1999. Dinâmica populacional da broca da vagem da grama, *H. armigera* Hardwick, no algodão, feijão-frade e grão-de-bico. *Gujarat Agri. Uni. Res. Journ.,* **24** (2) : 62-67.

Patel, C.C. e Koshiya, D.J. 1997. Abundância sazonal do bollworm americano *Helicoverpa armigera* em diferentes culturas hospedeiras em Junagarh (Gujrat). *Indian J. Ent.*, **59** (4) : 396-401.

Patnaik, H.P. e Senapati, B. 1996. Trends in *Helicoverpa* egg, larval and adult population changes in the chickpea environment of Orissa. *Indian J. Pl. Protec.* **24** (1-2): 18-23.

Patnaik, H.P., Senapati, B., Rath, L.K., Mohapatra, R. e Mohapatra, S. 1995. O papel da neutralidade nas flutuações populacionais da lagarta da grama, *Helicoverpa armigera* (Hub.), no grão-de-bico. *ACIAR Food Legume* News. **22**: 11-11.

Pimbert, M.P. e Srivastava, C.P. 1991. The influence of rainfall deficits on the abundance of *Helicoverpa armigera* in Andhra Pradesh. *Biological Agric. and Hort.,* **8**: 153-176.

Prasad, D., Chand, P. Deka, N.K. e Prasad, R. 1989. Population dynamics of *Helicoverpa armigera* (Hub.) on chickpea. *Giornale - Italiano-di- Entomologi*, **4** (22) : 223-228.

Rai, D.; Ujagir, R. e Singh, R.K. 2003. A parasitização larvar por *C. chlorideae* Uchida (Hymenoptera : Ichneumonidae) de *H. armigera* em cultura pura de galinhas em Pantnagar. *J. Biol. Control,* **17** (1) : 81-83.

Ram, M. 2003. Utilização no terreno de produtos químicos e biorracionais contra *Helicoverpa armigera*
(Hub.) infestando o grão-de-bico. Tese de Mestrado (Ag), CSAUA&T, Kanpur.

Ram, M. e Agrawal N. 2007. Abordagem bio-racional na gestão da broca da vagem da grama *Helicoverpa armigera* (Hubner). *J. Ent. Res.*, **31** (2) : 101-104.

Rao, K.P.; Sudhakar, K. e Krishnaiah, K.R. 2001 Incidência sazonal e preferência por hospedeiros de *Helicoverpa armigera* (Hubner). *Indian J. Pl. Protec.* **29** (12): 152-153.

Ravi, G. e Verma, S. 1997. Incidência sazonal da broca da vagem do grão-de-bico *H. armigera* e do seu parasitoide na broca da vagem do grão-de-bico. *Indian J. Ent.* **59** (4): 359-361.

Reddy, G.V. e Manjunatha, M. 1999. Influência das plantas hospedeiras no parasitismo de *H. armigera* por dois parasitóides de ovos, *Trichgramma chilonis* e *Trichogramma achaea* (Hymenoptera: Trichogrammatidae). *International Pest-Control,* **41** (6) : 223-225.

Reena,Singh;S.K.;Sinha,B.K.e Jamwal,B.S. 2009. Gestão da broca da vagem da grama, *Helicoverpa armigera* (Hubner), através de culturas intercalares e monitorização através de armadilhas com feromonas no grão-de-bico. *Karnatka j. Agric.Sci.*,**22**(3-Spl. Issue): 524-526.

Russell, D. 1999. Resistência aos insecticidas e sua gestão em *H. armigera* (Lepidoptera: Noctuidae) na Índia. **In**: *Actas da reunião da sociedade de proteção das plantas*. Hyderabad, Índia, 22 nd de dezembro de 1998.

Sachan, S.K.; Singh, D.V. e Hem-Singh 2005. Avaliação da eficácia e da economia do vírus da poliedrose nuclear contra *H.armigera* (Hub.) no grão-de-bico. *Indian J. of Entomo,* **67**(4): 378-381.

Santharam, G. e Balasubramanian, M. 1982. Efeito do NPV utilizado sozinho e em combinação com insecticidas no controlo de *H. armigera* (Hubner) na grama de Bengala. *J. Ent. Res.,* **6**: 179-181.

Sarode, S.V. 1999. Sustainable management of *Helicoverpa armigera* (Hubner) . *Pestology*, **13** (2) 279-284.

Sehgal, V.K. e Ujagir, R. 1990. Efeito de piretróides sintéticos, extractos de neem e outros insecticidas no controlo dos danos causados às vagens por *Heliothis armigera* no grão-de-bico e relação entre os danos causados às vagens em Pantnagar, no Norte da Índia. *Crop Protec,* **9** (1) : 29-32.

Shan, Z.A. e Shahzad, M.k. 2005. Flutuação populacional com referência a diferentes fases de desenvolvimento de *H.armigera* no grão-de-bico e a sua relação com o ambiente. *International J. Agric. Biology,* **7** (1): 90-93.

Sharma, O.P.; Jeswani, M.D.; Bhosle, B.B.; Dhandapani, A.; Lavekar, R.C. e Rathod, K.S. 2007. Validação no terreno do módulo de gestão integrada das pragas contra os insectos do grão-de-bico. *Indian J. Plant Prot.,* **35** (2) : 350-351.

Shukla, A. Goydani, B.M. e Shukla, A. 1996. Avaliação do *HaNPV* para o controlo de *H. armigera* (Hub. No grão-de-bico. *Advan. In Pl. Sci.* **9** (2): 227-229.

Singh, A. K. e Kumar, A. 2012 . Avaliação de novas moléculas em módulos IPM contra *Helicoverpa armigera* (Hubner) em grão-de-bico. *Anais das Ciências da Proteção das Plantas,* **1** (1): 9-23.

Singh, B.K. e Singh, R.P. 2007. Effect of host-plant nutrition and pesticide management on larval population on *H. armigera* in chickpea (*Cicer arietinum*). *Indian J. Ent.,* **69** (4) : 345-349.

Singh, O.P. e Singh, K.J. 1996. Surto da broca da vagem da grama (*Helicoverpa armigera)* na soja de inverno e seu efeito no rendimento de grãos em Madhya Pradesh, *Ann. Ent.,* **14** (2): 23-25.

Singh, O.P., e Singh, K.J. 1992. Revisão sobre um surto incomum de broca de vagem de grama, *Helicoverpa armigera* (Hub.) em girassol (*Carthamus tinctorius* Linn.) em M.P. *Bhartiya Krishi*

Anusandhan Patrika, **7** (2): 151-153.

Singh, P.P., Monobrullah, M. e Singh, B. 1999. Eficácia no terreno de alguns pesticidas microbianos contra a broca da vagem da grama (*H. armigera* Hub.) no grão-de-bico. *Shashpa*, **6** (1) : 63-66.

Singh, R. e Ali, S. 2006. Incidência sazonal de *Helicoverpa armigera* e *Campoletis chlorideae* no grão-de-bico. *Ann. Pl. protec. Sci.* **14** (1): 234-235.

Singh, R. e Ali, S. 2005. Eficácia dos biopesticidas na gestão de *Helicoverpa armigera* (Hub.) no grão-de-bico. *Ann. of Pl. Protec.* Sci., **13** (1) : 94-96.

Singh, R.S. e Yadav, S.K. 2006. Eficácia e economia de alguns insecticidas modernos, bioinsecticidas e formulações à base de neem contra a broca da vagem *H. armigera* no feijão-de-gato. *Indian J. Ent.,* **68** (2) : 139-143.

Singh, S. e Battu, G.S. 2006. Potencial de *C. chlorideae* (Uchida) no controlo natural de *H. armigera* infestando várias culturas em Ludhiana (Punjab). *Agri. Sci. Digest*, **26** (2) : 126-128.

Singh, S. e Sharma, G. 2001. Avaliação de módulos IPM para a gestão de *Helicoverpa armigera* (Hub.) no grão-de-bico. *Pest Management and Economic Zoology,* **9** (2): 115-118.

Singh, V. 2003. Incidência sazonal de larvas de *H. armigera* no grão-de-bico. **In**: *Procedimentos do Simpósio Nacional sobre Leguminosas para Diversificação de Culturas e Gestão de Recursos Nacionais*, 20-22, dezembro de 2003, realizado no Instituto Indiano de Investigação de Leguminosas, Kanpur, p. 204.

Singh, V.; Singh, R.K. e Prakash, V. 2005. Ocorrência sazonal da população larvar de *H. armigera* em grão-de-bico no noroeste do Rajastão. *Ind. J. Pulses Res.,* **18** (1) : 92-93.

Singh, V.; Verma, P.C. e Acharya, V.S. 2006. Avaliação de diferentes módulos IPM contra *Helicoverpa armigera* (Hub.) que infesta o grão-de-bico. *Indian J. Pulses Res.* **19** (1): 98-100.

Singh, V., Mathur, N.M., Kalyan, R.K., Hussain, A., Sharm, G.K., Singh, V. e Hussain, A. 2000. Avaliação de alguns moduladores IPM contra *Helicoverpa armigera* em grão-de-bico. *Indian J. Ent.,* **62** (1): 24-27.

Sithanantham, S.; Rao, V.R. e Ghaffar, M.A. 1983. Revisão internacional das perdas de culturas causadas por insectos no grão-de-bico. In *Proceedings of the National Seminar on Crop losses due to Insects Pests (eds.)* by, B.H.K. Rao and KS.R.K. Murthy, 7-9 de janeiro de 1983, Entomological Society of India, Hyderabad, A.P., India. pp. 269-283.

Sridevi, T., Krishnayya, P.V. e Rao, P.A. 2004. Eficácia de microbianos isolados e em combinações na mortalidade larvar de *Helicoverpa armigera* (Hub.). *Ann. Pl. Protec. Sci.,* **12** (2) : 243-247.

Srinivas, R.; Udikeri, S.S.; Jayalakshmi, S.K. e Sreeramulu, K. 2004. Identificação dos factores responsáveis pela resistência aos insecticidas em *H. armigera*. *Comparative Biochem. Physiol. Part. C.,* **137** :261-269.

Suganthy, M. e Kumar, S.T. 2000. Estratégias de gestão integrada de pragas contra a broca da vagem, *Helicoverpa armigera* (Hub.) *Ann. Pl. Protec. Sci.* **8** (2): 136139.

Suganthy, M., Rao, Ranga e Kumar, S.T. 2003. Incidência sazonal da broca da vagem da grama no grão-de-bico de sequeiro em A.P. *Indian J. Pl. Prot.,* **31** (11) : 160-161.

Suryavanshi, D.S.; Bhede, B.V.; Bosale, S.V. e More, D.G. 2008. Resistência a insecticidas na população de campo de *H. armigera* (Hub.) (Lepidoptera : Noctuidae). *Indian J. Ent.,* **70** (1) : 44-46.

Tiwari, S. e Khan, M.A. 2004. Efeito do endosulfan na percentagem de parasitismo de 3 espécies de *Trichogramma. Indian J. Ento.,* **66** (2): 135-137.

Tripathi, M.K.; Rakesh, Kumar e Singh, H.N. 1999. Gama de hospedeiros e dinâmica populacional de *H. armigera* (Hub.) no leste de Uttar Pradesh (Varanasi). *J. App. Zool. Res.,* **10** (1) : 22-24.

Tripathi, S.R. e Sharma, S.K. 1985. Dinâmica populacional de *H. armigera* (Hubner) em gramíneas na cintura Terai de N.E. Uttar Pradesh. *Giornale Italiano di Entomologia Indian of Agril. Sci.* ***54*** (4): 325-328.

Ugale, T. B. e Toke, N. R. 2011. Gestão integrada da broca da vagem da grama, *Helicoverpa armigera* (Hubner). *Agricultura Verde,* **2**(5): 561-562.

Ujagir, R., Chubey, A.K., Sehgal, V.K., Sani, G.C. e Singh, J.P. 1997. Avaliação de alguns insecticidas contra *H. armigera* em grão-de-bico em Badaun, Uttar Pradesh, Índia. *International Chickpea and Pigeonpea Newsletter,* **4** : 2224.

Vaishampayan, S.M. e Yadav, O.P. 1980. Dinâmica populacional da broca da vagem da grama, *H. armigera* (Hub.) e sua situação de surto na grama em Jabalpur. *Indian J. Ent.,* **42** (3) : 453-459.

Verma, K.S., Kakar, K.L. e Verma, A.K. 1994. Incidence, biology and population fluctuations of *Helicoverpa armigera* (Hubner) (Lepidoptera: Noctuidae) in mid-hill region of Himachal Pradesh. *Pest Management and Economic Zoology.* **2** (10): 347-353.

Vichiter-Singh; Siag, R.K. e Vijay-Prakash 2005. Ocorrência sazonal da população larvar de *H.armigera* (Hub.) em grão-de-bico no noroeste do Rajastão. *Indian J. of Puls. Res.,* **18**(1): 92-93.

Visalakshmi, V.; Ranga, G.V. e Rao, A.P. 2005. Estratégia de gestão integrada de pragas contra *Helicoverpa armigera* (Hub.) no grão-de-bico. *Indian J. Pl. Protec.* **33** (1): 17-22.

Vishwa Dhar; Trivedi, T.P.; Yadav, C.P.; Das, D.K.; Dhandapani, A.; Singh, S.K.; Choudhary, R.G.;

Devraj e Kumar, M. 2003. Proteção contra o ataque de *Helicoverpa armigera* ao feijão-frade no centro de Uttar Pradesh. *IIPR,* Newsletter, **14**(2): 3.

Vishwadhar, Rai, A.B. e Singh, S.K. 2005. Sistema de previsão meteorológica para a gestão de pragas e doenças do feijão-frade. *Simpósio Nacional* sobre Gestão da *Helicoverpa.* A National challenge held at Kanpur Feb. 2728, by ISPRD, IIPR, Kanpur,pp. 60-72.

Vyas, H.G. e Lakhohaura, B.D. 1996. Avaliação do *HaNPV* para controlo de *H. armigera* (Hub.) em grão-de-bico em Pantnagar. *G.A.U. Res. J.,* **21** (2): 50-54.

Whitlock, V.H. 1977. Effect of larval maturation on mortality induced by nuclear polyphedrosis and granulosis virus infections of *Heliothis armigera J. Invertebr Pathol,* **30:** 80-86.

Yadav, A. S. e Sharma, R. C. 2010. Avaliação dos componentes do MIP contra a broca da vagem, *Helicoverpa armigera* Hubner (Lepidoptera: Noctuidae) no grão-de-bico, *Cicer arietinum* L. *Research on Crops*, **11** (1): 95-98.

Yadava, C.P. e Lal, S.S. 1988. Relação entre certos factores abióticos e bióticos e a ocorrência da broca da vagem da grama, *Heliothis armigera* (HBN) no grão-de-bico. *Entomon, **13*** (3 & 4) : 269-273.

MIX
Papier aus verantwortungsvollen Quellen
Paper from responsible sources
FSC® C105338

Printed by Books on Demand GmbH, Norderstedt / Germany